日本香文化

日本香文化

（增订版）

巨涛　臧曦——著

香道泉山御流

文化艺术出版社
Culture and Art Publishing House

图书在版编目（CIP）数据

日本香文化 / 巨涛，臧曦著. — 增订本. — 北京：
文化艺术出版社，2020.12
ISBN 978-7-5039-7004-7

Ⅰ. ①日… Ⅱ. ①巨… ②臧… Ⅲ. ①香料—文化—日本
Ⅳ. ①TQ65

中国版本图书馆CIP数据核字（2020）第220900号

（封面照片来源：香道泉山御流）

日本香文化（增订版）

著　　者　巨　涛　臧　曦
责任编辑　魏　硕
数字编辑　李岩松
责任校对　邓　运
书籍设计　马夕雯
出版发行　文化艺术出版社
地　　址　北京市东城区东四八条52号（100700）
网　　址　www.caaph.com
电子邮箱　s@caaph.com
电　　话　（010）84057666（总编室）　84057667（办公室）
　　　　　84057696—84057699（发行部）
传　　真　（010）84057660（总编室）　84057670（办公室）
　　　　　84057690（发行部）
经　　销　新华书店
印　　刷　中煤（北京）印务有限公司
版　　次　2021 年 1 月第 1 版
印　　次　2021 年 1 月第 1 次印刷
开　　本　787 毫米 × 1092 毫米　1/16
印　　张　22.5
字　　数　200千字　图片约300幅
书　　号　ISBN 978-7-5039-7004-7
定　　价　98.00 元

增订版序

接到出版社想要再版《日本香文化》的电话我很高兴。因为对于《日本香文化》这本书，我和巨涛老师都觉得还有很多可以完善的地方。第一版的内容稍显晦涩，若不是专门想要了解日本香文化的人可能很难看下去，所以我们要对购买了第一版的读者们说声谢谢，正是因为大家的喜爱，让这本书有了再版的可能。很多香友提出，能不能在书中增加一些对初学者来说比较容易参与的内容，比如日本旅游城市中老香铺的情况或是推荐介绍一些日本香以及线香在什么场合下使用等，这些很好的建议我们都将在此次增订版内添加。

在增订版里，除了原有的内容外，我们增加了第六章，主要是想跟大家分享一些西南香局在日本寻香时了解到的有趣内容，并将我们的一些见闻、感受告诉大家。这一章里会增加关于日本香铺的现状和各个香铺里各种各样的香产品的内容。大家也可以带着这本书去日本旅行，根据书里的地址找到这些香铺，为日本旅行增添有关香的主题，并从商店买一些香的纪念品回来。如果你对历史部分不那么感兴趣，那就跳过前五章，直接从第六章开始，看看在生活中怎么用香，试着找找香的乐趣。

日本香文化的源头在中国，但也有它自己发展的特色。日本香目前在国内已经形成了一个爱好者圈子。这本书除了可以带你全面了解日本的香文化，更有可能让你未来的日本旅行有些不一样，我们相信它可以带给你一些不一样的缘分。香和日本，就是我命中注定的缘分。

我主要的工作是研究中国传统制香技艺，而喜欢中国传统香本就是机缘巧合。我的专业是药学，专业知识中很多是跟中医药相关的，因此也就自然而然地喜欢上了中医与中药。有一次偶然间翻到了一本叫作《寿世保元》的书，里面记录了中药制作用于焚烧防疫的药香，从此我便与传统香结下了不解之缘。几乎所有的传统制香原料都是中药，所以为了找到最正宗的香材及学会传统制香技艺，我开始学习研究，并在网络、书籍和各类市场上汲取一切可能获得的知识。为了弄清在中国已经难觅踪迹的古代重要传统香料并了解传统制香的很多技术，我开始向日本的老师们学习，这其中既有研究历史文化的学者，也有百年香铺的传人。

在日本，我用了几年时间，几乎走遍了自己可以找到的所有香铺和香厂。在这几十家香铺里，我学到了许许多多的知识与技能，这些制香技艺都是中国古代香谱中记载过，但在此之前我又无法理解的。在日本的学习探索过程中，也不断印证了我们对于传统制香技艺的理解。我和巨涛老师正是在这些奔波与忙碌中加深了对彼此的了解，成了好朋友。

日本是一个与中国有着密切联系的国家。因为自然条件的制约，日本人生来对于世间万物就格外珍惜，日本也有着目前世界上最完整有效的传承保护体系。无论是对文物等有形器物的保存，还是对于非物质文化遗产的传承，上至国家职能部门，下至平民百姓，都可谓无所不用其极。严谨的工作态度，极致的匠人精神，使流传到日本的器物与文化，都很好地保留了下来，以至日本奈良东大寺的正仓院，被人称为“唐代文物宝库”。千百年来，中国文化不曾间断地影响着日本。值得庆幸的是，许许多多中华大地难寻踪迹的文物、文献和技术，在日本被很好地保存了下来。在今天，去日本学习，成了一种文化反哺。

我不曾想到，出于对香的兴趣，自己竟然和日本这个国家产生了联系。我去日本的次数，从每年两三次增加到了十几次，以至于日本海关工作人员每次看我护照上贴得满满的入境记录时，都要仔细问我入境日本的目的，不知他们是不是怀疑我从事日本商品代购工作。生活就是这样，有许许多多的缘分，是自己不曾料想到的。在日本寻香的路上，我们除了疯狂寻找日本的香铺、香厂外，还了解了日本的香道，了解了香道与中华香事之间的各种联系。在日本，作为一个外国人，我参加过许多香道流派的体验活动。跌跌撞撞中，我定在了泉山御流学习传统香道。香道泉山御流是日本皇家香道流派，天皇家族每年的献香仪式和香道学习，都是由泉山御流负责的。多年前我的香道老师，流派第十一代掌门人西际重誉先生，开始向中国同学传授真正的香道。他最喜欢的话，就是当年感动了鉴真和尚的那句“山川异域，风月同天”。

▶山川异域　风月同天　寄诸香人　共结来缘

流派的大本山，在京都皇家御寺泉涌寺。泉涌寺与中国有着道不尽的渊源，它有着悠久的历史，最早是到唐朝求法的弘法大师空海所开创的真言宗寺院。后来入宋求法的俊芿法师回到日本后，又重振了泉涌寺。俊芿法师来到中国，先后在天台山、径山、明州景福寺等处学律宗、天台宗、禅宗与净土宗，回到日本后复兴泉涌寺，被视为台律中兴之祖，也被称作“月轮大师”。泉涌寺作为天皇家族的菩提寺，是一座非常特殊的寺院，泉涌寺的僧人可以同时学习禅宗、密宗和律宗。1199年，月轮大师俊芿从中国学法归来回到日本时，带回了包括朱熹著作和宋学在内的中国书籍2103卷，至今仍保存在泉涌寺里。每月初一、十五寺院内的僧人仍用南宋的口音诵读《金光明经》。

京都的泉涌寺，就是我上香道课的地方。“春有百花秋有月，夏有凉风冬有雪。”远离了世间喧嚣，山林幽室里的一炉香，将千秋光阴，置于鼻前。

不知不觉的几年，我竟稀里糊涂地成了国内第一批香道师范。在此之前，国内还没有真正可以教授香道的老师。成了师范之后，突然明白为什么流派会按照传统给取得资格的人一个香名，才明白这时才是真正深入学习香道的开始。香道是可以终身学习并且值得终身学习的。香道的形式简单，品香活动也十分有趣，经过简单的学习后，人人可以参与并且乐在其中，这也是这些年香道如此火的原因。但真正的香道背后所蕴含的知识、文化和精神内涵，与中国文化是密不可分的，也是需要长期学习的。香道绝不仅仅是流于形式、注重礼法仪轨的日本艺道，更是中国文化的一种绵延。为了能让更多国人接触正宗的香道，西南香局和泉山御流合作，在中国正式开展香道课程，为对香道感兴趣的朋友推开一

▲上：香道教室
下：香道课堂

扇充满香气的大门。

中国和日本在文化的贡献上有着很多相似之处，也有很多的不同。每次和朋友聊到日本有着几百年历史的老香铺的时候都很感慨，每次看到琳琅满目的日本香，我总想，《清明上河图》里画的香铺要是今天还在，一定比日本香铺做得更好吧？日本奈良唐招提寺的商店里，还有源于当年鉴真和尚东渡日本时带来的香方而制的“鉴真香”在销售，传承就这样在日本延续着。日本今天繁荣的传统香生活，优雅而从容，可能也是我们应有的样子吧。

希望增订版的《日本香文化》可以给大家提供更多的参考，也希望大家能够喜欢。

臧　曦

庚子仲秋于孙河五十二号院

前言

日本飞鸟时代的圣德太子曾四次向中国派遣“遣隋使”，拉开了日本官方正式向中国学习的序幕。随着佛教在日本的兴起，用香也在日本逐渐兴盛，寺院是日本用香的先驱。到了平安时期，日本贵族的生活用香逐渐发展起来，在当时主要是“炼香”的制作和品鉴。我们在《源氏物语》中就可以看到贵族夫人们在一起调制“炼香”，评比优劣的场景。“炼香”是源自中国的香品，也就是我们常说的香丸、香饼之类调和配制的香制品，平安时期的日本贵族把来自中国的香方和风化(也就是日本化)，配合各自的兴趣爱好进行调制，制作出不同的“薰物”。日本香道界普遍认为是东渡的鉴真大师教会了日本人制作“炼香”，并留下了源自中国的香方。香道、线香和炼香的制作使用与宗教用香一起构成了日本的传统香文化。

香道是日本人创造的精湛的香的文化艺术，它来源于喜爱花鸟风月游戏的平安时代贵族。平安时代是一个在贵族阶层空熏盛行的时代，所谓“空熏”，也就是把“薰物”在房间里点燃(熏香)，使其留香在衣服上的一种用香方式。空熏的出现，很快使其流行于上层社会。追求高雅生活的日本贵族们并不满足于此，他们效仿当时流行的竞歌与竞画这样的比赛形式，创造了竞香这样一种优雅的游戏。大家各自带来调好的薰物，比赛优劣。渐渐地，这样的嗅觉游戏文化诞生了，从平安时代到室町时代的五百年间，它逐渐地发生着变化。“应仁之乱”是当时日本的灾难，但它却成就了日本的茶、花、香三雅道。“应仁之乱”之后，日本人用香逐渐由薰物文化转变为以沉香为主的香木文化。至15世纪，在日本民族独特的世界观塑型下，在航海时代提供给日本较丰富的沉香香木的贸易背景下，在参考中国隔火熏香的模式下，日本独创了以品鉴少量沉香为特点的听香文化，也就是香道，这也就是今天日本香道的起源。随后17世纪，伴随着“元禄文化”，香道迎来了它的全盛期。

香道虽然有着悠久的历史，但它后来却并没有像茶道与花道那样普及。这是因为日本并不出产香木，只能通过进口来获得贵重高价的香木，所以它很难继续停留于玩赏，只是作为礼仪礼法和提高修养的教育方式而流传下来，不再是大众寻求乐趣的游戏。这些原因导致了它后来的衰落。

作为一个热爱香事的人，日本香道与中国千丝万缕的联系一直深深地吸引着我，我很早就想学习，但苦于一直没有找到合适的机会，后来终于有缘可以进行深入些的学习了。在香道的主要表现形式——香会上，无处不在的中国文化元素令我着迷。我参加的第一个香会“雪月花香会”，竟是以白居易的诗句“雪月花时最忆君”为文化主题的。随着学习的深入，我渐渐理解了中国文化对日本文化的影响，就连我的日本香道老师西际重誉先生也经常说起中国文化是日本文化的老师。曾几何时，在日本不会白居易的诗词甚至都算不上是文化人。学习日本的香道，更激起了我要刻苦学习中国文化的决心。中华香事历史悠久、博大精深，但于晚清至民国走向衰微，近年来随着中华民族的伟大复兴，香事亦有振兴之势，在此时更多地了解其他国家的香文化具有时代意义。拿日本的香道来说，首先，日本的香文化受到了中国文化的深远影响，从儒家、禅宗到朱子学，从唐代鉴真到明末汉僧，香道的文化内容中有很多来自中国；其次，如今国内香道盛行，但真正潜心求学之人凤毛麟角，广大爱好者并不能真正了解香道的发展与原貌，许多人将日本香道与中华香事混为一谈，使得香事爱好者一头雾水，不知所云。我研究中华传统制香技艺，其中许多香料的确认，就是在日本得到的证实。中日文化相互依存，在历史上，基本都是日本向中国学习，而如今更多的国人到日本学习传统文化，想必跟我一样，都是想在日本找寻中国文化的身影，将寄存在外的文化带回家。

“香道”这个词在中国流行不过十几二十年，我认为是源自日本“香道”这个词的。今天中国的香文化受到了日本香道的影响。在学习日本香道的过程中，我渐渐感到了国内香文化领域对日本香道的认知存在着普遍的误区。比如香道的历史、香道流派的传承、沉香分类中的六国五味等，甚至有些时候连香道本身的意思都在理解上出现了偏差。目前我们普遍使用着日本香道的器具和品香动作，却将它当作中国自己的传统，这一点是不对的。当下中国的香文化有了全面复苏的迹象，在这个时候推出一本介绍日本香道的书籍，想必是十分必要的。

日本香道泉山御流在中国历经几年的发展，如今已培养出多位师范，这些同门都将是传播香道的使者，将广大中国爱好者领进香道的大门。在泉山御流的香道学习过程中，我学习到了香道的礼法与中国文化的内容，尤其是香道独特的教育理念和教学方法，更是值得我们学习与借鉴的。

我和巨涛老师相识在京都东山御寺泉涌寺的泉山御流香道课上，当时巨涛老师是香道泉山御流若宗匠西际重誉先生的助教及翻译，她认真严谨、温柔细心的样子给我留下了深刻的印象。巨涛老师在日本定居已经十八年了，她在作为专业香道翻译的过程中，细心地收集资料，认真地进行翻译，为中国香友能够正确全面地了解日本香文化做出了很大的贡

▲香道理灰训练

献。起初，巨涛老师寻找查阅资料只是为了丰富自己的知识，在她不断进步的日子里，她渐渐发现这些知识应当被更多的中国爱香人知道，于是便有了整理出版所翻译资料的计划。多年来，我也一直在寻找着具有深厚中日文化底蕴的翻译老师，我深刻地理解在国际文化交流中翻译老师的重要性。在得知巨涛老师的想法后，我们一拍即合。

本书中的内容选取了日本传播流行最广泛的香道书籍作为翻译资料的来源，并且加入了几年来我和巨涛老师共同学习香道的经验和理解，力图做到展示给广大香友一个最真实客观的日本香文化全貌。当然基于我们的能力与水平，这还是很困难的。整个翻译整理的过程是十分不易的，在临截稿之前，我们一直都在进行反复的校对，这个过程中仍旧发现了不少错误。如六国五味的香气，其实是用六种人来比喻的，之前我们的翻译还是有一些错误存在的。多次的校对整理，使我们尽量减少了错误的出现，但是我们知道肯定还是会有不少的错误，在这里就拜托大家一起帮我们找出，帮助我们改正。关于日本香文化的内容，比如日本佛教用香源流、日本线香的发展情况等，本书中提及的并不完全，我们正在努力整理，以便在今后可以出版供大家参考。

巨涛老师作为我的老师和朋友，这些年陪着我们拜访了许多日本的香道老师、香铺老板与制香匠人，作为中日香文化交流的桥梁和使者，她一直在默默地奉献着。这些共同的美好经历对于我的成长起到了很大的帮助，我在这里再次向她致谢。本书成书过程中得到了多位好友的鼎力相助，云南同门久洱桑、上海同门刘彧麟、杭州公子、京都刘立哲等都为本书提供了精美的图片。我们最后在整理的过程中还发现了许多不足，今后再做增加与修改。

礼失而求诸野。中华民族不断学习的精神，正是我们的优秀传统文化得以不断精进提升的原因所在。日本香文化，亦是中日友好往来最好的历史见证之一。希望本书可以为广大香友带来一些帮助。

臧　曦

丁酉腊月于广阳七修书院

目录

第一章　日本香文化简史

第二章　日本香具

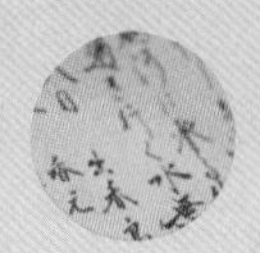

第三章　香会与组香

第四章　日本著名香人及其著作

第五章　日本香道与茶道

第六章　走进日本香的世界

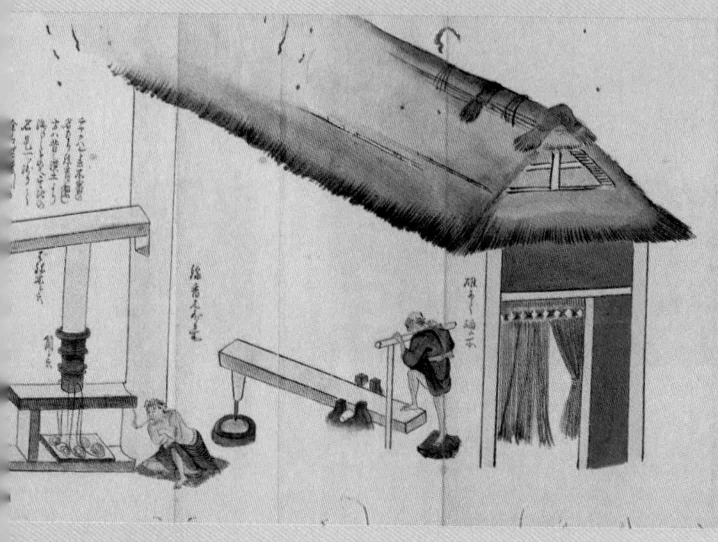

第一章 日本香文化简史

日本是一个不产香木的国家，但是自从香木在6世纪跟随佛教从中国传入日本以后，日本人就从没有停止过对香木的研究和追求。

飞鸟时代的太子、奈良时代的天皇、平安时代的贵族、室町时代的将军以及江户时代的商人都曾为香而着迷。历史上既有一次焚烧数斤香木的穷奢极欲的武将，又有亲笔修书请求南亚产香各国帮忙寻求上等沉香的幕府将军，更有虚心向造诣颇深的民间香人学习香道的天皇与皇后。

纵观日本用香历史，隋唐时期的日本遣唐使从中国带回各种香料，模仿唐人的用香方式；唐末宋初的贵族阶层致力于发展本土文化，上流社会盛行反映季节和自然的合香文化。宋元时期的武士阶层崇尚禅宗，单品

▶日本香的历史

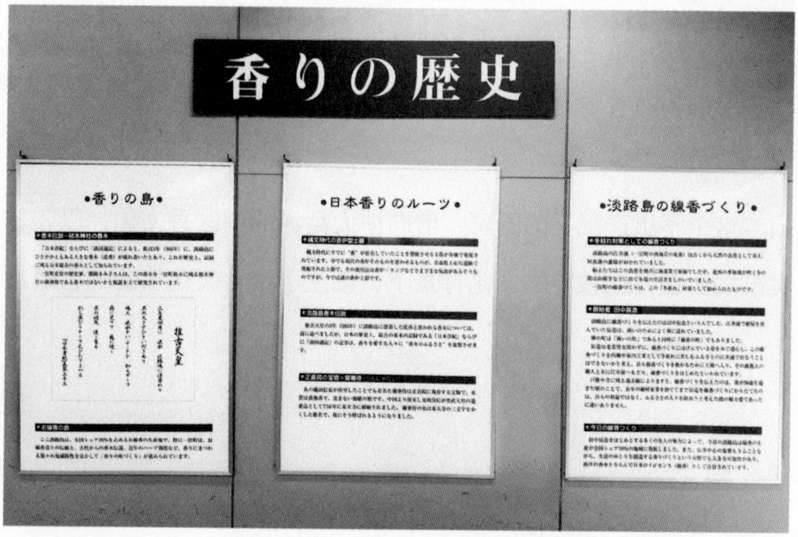

沉香是他们的主要闻香方式，对外贸易的发展也促进了沉香进口量增大。进入16世纪，以武士和贵族为主的上流社会逐渐形成了一系列品闻沉香的固定形式，随后又建立了一整套完整的传承、管理以及普及的制度和体系，这就是今天的日本香道。

用香、闻香、品香的文化源自中国。在中国香文化基础上形成的日本香道，其形成、发展和鼎盛时期都融入了日本民族特有的文化内蕴和美学概念，它已经从单纯的趣味、娱乐、物质享受升华为一种精神文化，是一门集沉香鉴赏、礼仪规矩、历史知识、书法艺术、文学修养、审美情趣为一体的综合性艺术，涉及哲学、宗教、文化、艺术、伦理、礼仪等多个领域。

今天的香道已经成为日本传统文化中的重要组成部分，与茶道、花道并称“三大艺道”。从香道初成到今天，日本的香人们通过专门的技术训练掌握点香、品香、辨香的技巧，通过大量的“组香”（品香游戏）来理解、学习、传承这一古老文化。所以说，日本的香道和茶道、花道等其他艺道一样，是学习传统文化的最好方式。目前，日本国内的香道流派已经发展到一百多家，品香游戏“组香”也有上千种。

日本这个不出产沉香的国家，借助博大精深的中国香文化，以四季为审美准则，在自己独特的文化背景下，创立了富含文化底蕴的香道。

飞鸟时代（593—710）

——香木传入的时代

593年，日本历史上第一位女皇——推古天皇（554—628）即位。女皇即位之后立刻任命自己的侄子、前任天皇用明天皇（？—587）之子圣德太子（574—622）摄政。圣德太子积极引进中国先进的文化和制度，曾四次派出遣隋使。他还亲自制定了日本最早的官位制度"冠位十二阶"，颁布了日本第一部律法《十七条宪法》，建立了以天皇为中心的中央集权国家体制。

圣德太子笃信佛教，执政期间大力弘扬佛教。最早记录圣德太子生平的文献《上宫圣德法王帝说》记载，佛教是在538年从中国经百济传入日本的。佛教刚传入日本的时候，一直被贵族阶级作为政治斗争的工具而利用，所以并没有在日本国内普及开来。直到圣德太子执政后，昭告天下大兴佛教，并立刻派遣僧侣到隋朝学习佛法，同时在奈良等地修建了法隆寺、四天王寺等大型寺院，从此以后佛教才开始盛行。

伴随佛教的传入，佛前供香也传入日本。香在佛教中的地位很高，用途很广，无论是修持法门、供养三宝、打坐念经、化病疗疾都离不开香。日本本土并不产香，所以日本人刚开始接触香的时候，认为香是一种"异物"。

日本现存文献中，最早出现有关沉香内容的是《日本书纪》，这部史书是日本的第一部正史。书中记载，595年，有"沉木漂于淡路岛，其大一围，岛人不知沉木，以薪烧于灶，其烟气远熏，以异则献之"。淡路

◀圣德太子孝养像
（图片来源：日文版图书《香的文化》）

▲长柄香炉

岛上的人们把漂来的沉香木当柴烧，结果发现香气四散，于是人们认为此木是“异物”，就上交给了朝廷。

992年成书的《圣德太子传历》也有类似记载。595年（推古三年），“夏四月着淡路岛南岸（岛人不知沉水，以交薪烧于灶）。太子遣使令献。其大一围（长八尺），其香异薰。太子观而大悦。奏云：‘是为沉水香者也。此木名旃檀香。木生于南天竺国南海之岸。夏月诸蛇相绕此木，冷故也。人以矢射。冬月蛇蛰，即折而采之。其实鸡舌，其花丁子，其脂薰陆，沉水久者为沉水香，不久者为浅香。而今陛下兴隆释教，肇造佛像故。释梵感德，漂送此木。即有敕命百济工刻造檀像作观音菩萨。高数尺（安吉野比苏寺时时放光明）’”。

香
推古天皇
三年の夏四月に 沈水 淡路嶋に漂着れり
其の大きさ一圍 嶋人 沈水といふことを
知らずして 薪に交てて 竈に焼く 其の
烟気 遠く薫る 則ち異なりとして 献る
「日本書紀」巻第二十二
日本にはじめて 香木が漂着してより一千四百年
ここに記念の碑を建立して 我が国香文化の永久
なる発展を祈念する
平成七年十月吉辰

▲淡路岛的香碑

这段内容的前半部分显然是源于《日本书纪》。圣德太子对沉香的识别能力、沉香形成的说明以及“一木五香”说等说明日本人从中国文献中了解了沉香，但是“沉水香”名为“旃檀香”的错误概念说明传入日本的香料非常稀少，所以人们还无法清楚辨别沉香和檀香。

至于“圣德太子命百济工匠用漂来的香木刻造了观音菩萨像，并安放在吉野比苏寺”，有人认为这就是今天法隆寺梦殿的“救世观音”。这与后来的“太子”（也称“法隆寺”）名香就是刻造观音剩下的香木等传说都是圣德太子信仰的产物。

当时日本的所有香木都源自中国，因为极其稀少宝贵，均属于国家财产，更是权力和地位的象征。香木点燃后散发出来的香气能够让人忘却现实，进入一个清净而又神圣的世界，因此朝廷在重大盟约或庄严仪式上也开始使用香木。

642年，在一次祈雨仪式上，“苏我大臣手执香炉烧香发愿，辛巳微雨”。672年11月，大友皇子“手把香炉”，与苏我氏以及中臣氏立誓结盟，表示愿意接受佛教，共同对抗朝廷内的反佛教势力。这里的“手执香炉”“手把香炉”就是礼佛所用的手持长柄香炉。

除此以外，《日本书纪》还记载了671年10月天皇遣使，将袈裟、金钵、象牙、沉水香、旃檀香以及各类珍宝供奉赐予法兴寺。这些沉水香、旃檀香都不是用来烧香礼佛的，而是用来供养三宝的。

奈良时代初期，日本依然以焚烧香木或香粉供奉三宝为主要的用香形式。如《造佛所作物帐》（734）中记载，奈良兴福寺西金堂内有“香印四枚……香印盘四十枚……”，“香印”与“香印盘”就是佛教寺院里用模具做出香粉造型，焚烧香粉的香炉。

除此以外，这个时期出现了一种新形式的香，即“薰香”。《阿弥陀院宝物目录》，又名《阿弥陀悔过料资材帐》，是东大寺阿弥陀净土院的财产记录，在767年8月30日的条目中有“薰香四袋，一衣香”的记载，这里的“薰香”到底是什么香料目前还无法考证，但这是日本文献中最早出现的“薰香”一词。同一时期，奈良大安寺的《大安寺伽蓝缘起并流记资财帐》中有“合百和香壹丸”，也就是说，按一定比例人工调制的香料混合物，即合香已经从中国传入日本。无论是香木、香粉，还是合香香丸，都是用于寺院供佛的。

一、法隆寺的香木

法隆寺又称“斑鸠寺”，位于日本奈良县生驹郡斑鸠町，是圣德太子于607年建造的佛教寺院，其中西院伽蓝是世界上现存最早的木质结构建筑群。据法隆寺保存的《法隆寺伽蓝缘起并流记资财帐》记载，734年，平成宫皇后向法隆寺赐“白檀香四〇三两、沉水香八十六两、浅香四〇三两”供养三宝。736年又派人将“沉水香一〇六两，浅香三八五两、薰陆香四六两、青木香四〇两”送到寺内。这些香木和香料历经了

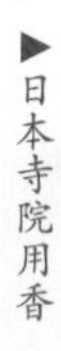

▶日本寺院用香

一千三百多年，至今依然保存完好。

法隆寺现存的香料中有三块香木非常有名，均保存在东京国立博物馆的法隆寺宝物馆内，分别标明为“沉水香”“旃檀香”“白檀香”。

“沉水香”，即沉香，长98.8厘米，上有“齐衡二年定 小廿一斤三两”的墨迹，齐衡二年即855年。按照现代沉香分类标准来看并非高品质沉香，但如此之大的一块沉香在当时（奈良时代）也是极其稀有的。

“旃檀香”，属白檀，长66.4厘米，最大直径13厘米，上有“延历二十年定五斤”“更定二十四斤 天应二年二月二十四日”，以及“明治十一年四月切取”的墨迹。天应二年即782年，延历二十年即801年，明治十一年即1878年。

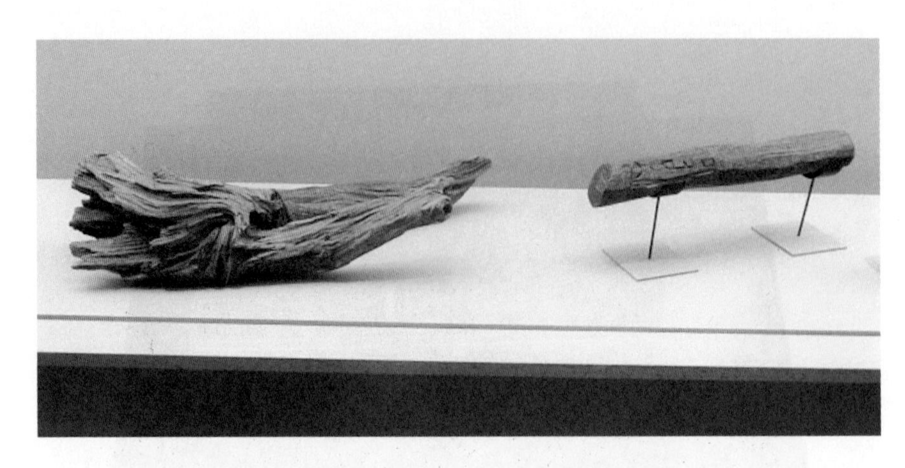

▲法隆寺的香木

“白檀香”，属白檀，长60.3厘米，最大直径9厘米，上面也写有“天平宝字五年”（761）、“天应□年”及“延历廿年”字样。

这两块檀香的表面都刻有约20厘米的几个文字，还有一个非常奇特的图案烙印。东野治之在“香木铭文与古代香料贸易”（《遣唐使与正仓院》）（1992）中指出，这几个文字是中古波斯语的后期字体——巴列维文（Late Sassanian cursive）。这种文字在中国考古界被称为“婆罗钵文”，陕西省西安市曾出土汉字与婆罗钵文的墓志（《西安发现晚唐祆教徒的汉、婆罗钵文的墓志——唐苏谅妻马氏墓志》，《考古》1964年第9期）。据东野治之研究，刻在檀香上的这几个巴列维文文字是人的名字，可能是香木所有者的名字。而那个烙印则是粟特语，表示香木的重量或价格。由此可见，这两块产自南亚的檀香经中亚地区的波斯商人之手，辗转千里从原产地经中国传到了日本。

二、东大寺的香木

位于奈良市内的东大寺是奈良时代的圣武天皇（701—756）于743年下令建造的华严宗祖庭。东大寺大佛殿的西北角有一个存放寺院各种财物、供品的仓库，名叫“正仓院”。

据《东大寺献物帐》（即《国家珍宝帐》）（756）记载，天平胜宝八年（756），圣武上皇驾崩后，光明皇太后（701—760）在第四十九日忌日（6月21日）把上皇生前的六百多件日常用品、珍玩宝物以及六十多种香药作为供品送到东大寺，供养卢舍那佛。这种形式的供养，光明皇太后先后进行了五次。

东大寺把这些上皇遗物以及后来大佛开光法会等重大仪式上使用过的供品、皇家的供养等都造册记录，完整地保存在正仓院里。日本宫内

▼东大寺

▲正仓院

厅1955年以及国立博物馆(《正仓院御物棚别目录》)等都曾做过调查整理。1994年，政府组织了第二次正仓院药物调查。参加此次调查的大阪大学药史学专家米田该典在《正仓院的香药》(2015)中整理了正仓院中现存的香木、香材、合香、香炉、器具等与香药有关的物品。

(一)香木、香材

黄熟香、全浅香(全栈香)、沉香、麝香、薰陆、白檀、桂心、木香、青木香、甘松香、胡椒、丁香、香附子。

(二)香囊类

裛衣香、小香袋。

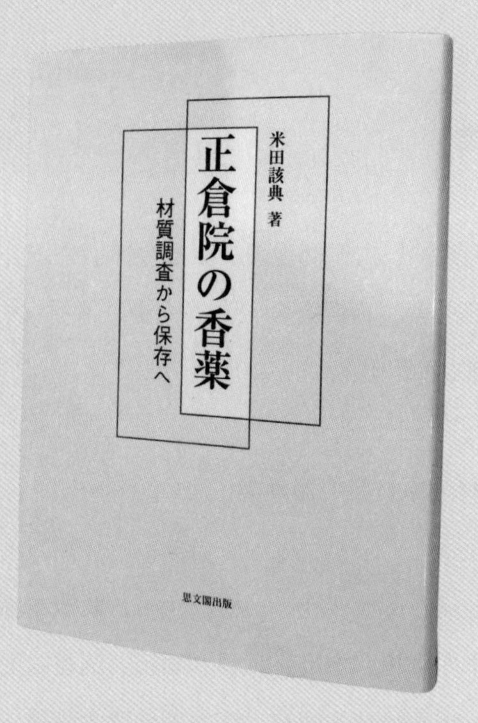

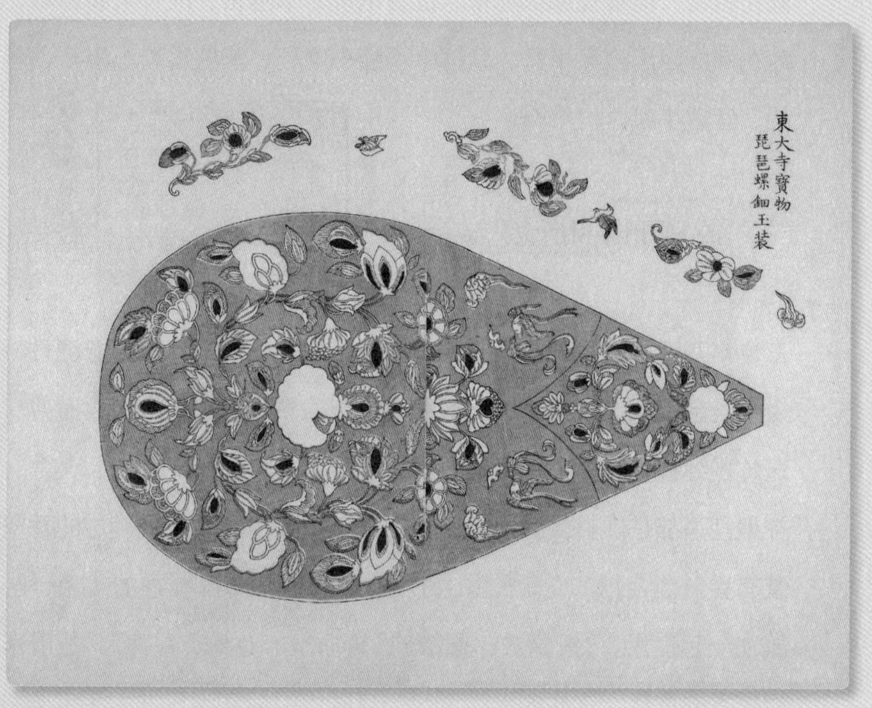

▲上：米田该典《正仓院的香药》书影

下：琵琶螺钿玉装

（三）香炉类

银薰炉、铜薰炉、白铜柄香炉、紫檀金钿柄香炉、黄铜柄香炉、赤铜柄香炉、白石火舍、金铜火舍、白铜火舍、漆香盆、黑漆涂香印押型盘、漆金薄绘盘（香印坐）。

（四）以香材为原材料的器具类

沉香末涂经筒、御冠残阙、白檀八角箱、紫檀木画花文箱、玳瑁螺钿八角箱、素木如意箱、木尺、沉香木画箱、沉香木面双六局、沉香金绘木画精妆箱、沉香誃形木画箱、沉香龟坑形木画箱、沉香末滴香筒、刻雕莲花佛座、黑漆涂平盆、紫檀金银绘小盒子、紫檀银绘小墨斗、紫檀小柜、紫檀小架。

（五）部分使用香材的工艺品

三合鞘刀子、沉香把鞘金银花鸟绘金银珠玉妆刀子、水角把沉香鞘金银山水绘金银珠玉妆刀子、沉香把鞘金银珠玉妆刀子、金银妆横刀、沉香斑竹桦缠管斑竹帽白银妆笔、沉香木画笔管、木尺、香炉、火舍、香印押型盘等都是佛前供香用具，其中有些香炉中还残存燃烧过的香灰。而装有香料混合物的“裛衣香、小香袋”利用其防虫熏香的效果，与衣物放在一起使用。“银薰炉、铜薰炉”即香球，也称“香鞠”，是用来给被褥熏香的香具。这些器具都证明奈良时代中期宫廷日常生活起居中已经开始使用香料。

另外，香材还作为原材料或部分材料制作器具，装饰华丽、做工精细，与金银珠玉等作为装饰品使用。这些香炉器具大多来自中国和朝鲜半岛，其中也有一些是在日本加工制造的。

日本并不出产香材，正仓院所藏香木都是由遣唐使历经千辛万苦从中国或经新罗带回日本的。无论是当时还是现代，这些香木以及与香木有关的器具都是人类共同的文化遗产。

正仓院香木中有两块被香道界称为“两种御香”的沉香，一块是全浅香，被称为“红尘（沉）香”；另一块就是被誉为“天下第一香”的黄熟香，也就是众所周知的“兰奢待”。

“兰奢待”作为名香，最早出现在室町时代初期成书的《新札往来》（素眼，生卒不详）之中。室町时代后期成书的《尺素往来》中则记为“兰奢袋”。日本最早的一本国语辞典《温故知新书》（1484）中有一个词条是“器：兰奢待”。从此以后，日本所有的辞典都收录有“兰奢待”一词。

关于名香“兰奢待”，还有一个比《新札往来》更早的记录。江户时期江田世恭（？—1795）在《古香征说》中引用了《蜂谷传来东大寺由绪书》的内容，即志野流传人“蜂谷”对一小块“兰奢待”由来的介绍。内容大致如下：平安时代二条天皇（1143—1165）在位时期，因武将源赖政（1104—1180）镇妖有功，天皇曾赏赐他一块“兰奢待”。江户初期这块名香传到了一个名叫松平十藏的武士手中。松平十藏把这块“兰奢待”献给了江户幕府。幕府第二代将军德川秀忠（1579—1632）的女儿和子（1607—1678）入宫为后，与后水尾天皇（1596—1680）一起热衷于香道。和子听说幕府得到一块“兰奢待”，就立刻要求自己的父亲把“兰奢待”奉还给天皇。最后这块“兰奢待”终于回到了天皇手里。

关于武将源赖政镇妖有功的故事在“能”剧等日本古典文艺作品中多有描写，但是都没有出现“兰奢待”的内容，只有他得到宝剑和美女菖蒲的内容。因为没有其他可以佐证的史料，一些学者认为还不能只凭这本香道传承书断定源赖政获赐的“兰奢待”来源于正仓院。但如果源赖政的传说属实，那么这可能是第一块由天皇赏赐给臣下的“兰奢待”。

今天，在日本国内除了奈良东大寺正仓院的“兰奢待”以外，民间还有数块“兰奢待”被传承、收藏，可以说每一块“兰奢待”都有着悠久的历史，都是日本香道发展史的见证。

“兰奢待”长1.56米，是目前日本国内体积最大、品质最好的沉香。之所以称为“兰奢待”，据说是因为“兰奢待”三字中藏有“东大寺”三个字，暗示了沉香的所属，所以这块名香也被称为“东大寺”。

“兰奢待”追其词源有美好事物之意，正符合这块国宝级沉香的特点。据《佛学大辞典》载：“兰奢待，胡语，指物之善者称为兰奢待。晋王导尝谓胡僧曰，兰奢待，僧悦，兰奢胡语之褒誉也。”据宋朱熹《朱子语类》（卷一百三十六“历代三”）载：“王导为相，只周旋人过一生。尝有坐客二十余人，逐一称赞，独不及一胡僧，并一临海人。二人皆不悦。导徐顾临海人曰：‘自公之来，临海不复有人矣。’又谓胡僧曰：‘兰奢。’兰奢，乃胡语之褒誉者也。于是二人亦悦。”香本来就是与佛教一起传入日本的，用佛教中形容美好事物的词语形容沉香也是顺理成章的。

▶兰奢待

“兰奢待”属于皇家宝物，天皇可以任意切取，自己品闻或赏赐臣子。如明治天皇（1852—1912）明治十年（1877）曾经派人切割了一小块（长两寸，重两钱三分八厘）。通过武力获取天下的武将则以强行切取“兰奢待”的方式震慑天下。据称室町时代的幕府将军第三代将军足利义满（1358—1408）、第六代将军足利义教（1394—1441）、第八代将军足利义政（1436—1490），安土桃山时代的武将土岐赖武（1524—1547）、织田信长（1534—1582），江户时代的第一代将军德川家康（1543—1616）等都曾命人打开正仓院，切取过部分“兰奢待”。根据《正仓院棚别目录》（1955）以及江户时代南都奉行（奈良最高行政长官）

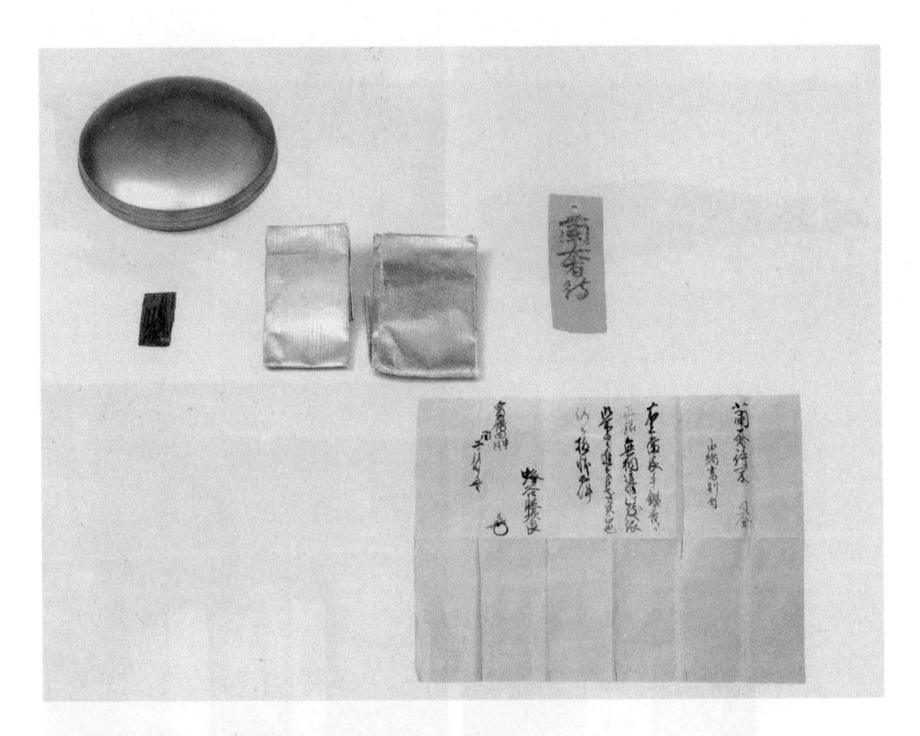

▲兰奢待 （图片来源：日文版图书《香的文化》）

神尾元知（生卒年不详）的记录、东大寺僧侣净实的《天正二年截香记》（1574），足利义政和织田信长切取“兰奢待”是毫无疑问的，而德川家康是否切取过，因为缺乏其他史料佐证，所以“兰奢待”上面现在只贴有三个标签，即“明治天皇　明治十年依敕”“足利义政　宽正二年九月　约二寸截之”“织田信长　天正二年三月　一寸八分截之”。

事实上，“兰奢待”不只有三个切割过的痕迹。米田该典在《正仓院的香药》（2015）中指出，“兰奢待”上一共有三十八处被切割过的痕迹。经过对切口颜色的深浅分析，发现切割年代的跨度非常大，有些地方甚至被切割过数次。如果把这些切口都计算在内，“兰奢待”至少被切割过五十次。米田该典分析除了上述有史料记载的人物以外，还有可能是采集、运输、收藏、管理此块沉香的有关人员曾经切取过。

三、鉴真大师传入合香

日本香道界普遍认为，合香的调制方法是由唐朝的鉴真大师（688—763）传入日本的。鉴真大师为了弘扬佛法，历经千辛万苦，五次东渡失败后，终于在753年第六次东渡成功到达日本。据奈良时代的文学家真人元开（又名淡海三船，722—785）所著的《唐大和上东征传》记载，鉴真大师历次东渡准备了大量的香料和药材。

天宝二年（743）十二月，鉴真大师带领弟子准备东渡时，准备了“麝香廿剂、沉香、甲香、甘松香、龙脑香、胆唐香、安息香、檀香、零陵香、青木香、薰陆香都有六百余斤；又有毕钵、诃黎勒、胡椒、阿魏、石蜜、蔗糖等五百余斤，蜂蜜十斛，甘蔗八十束等各种香料”。

天宝七年（748），鉴真大师再次准备东渡时，依然“买香药、备办百物，一如天宝二载所备”。这些香料既可以烧香供奉，也可以加工合香，尤其是“十斛蜂蜜”，更是制作合香必不可少的原料。这也是日本史籍中第一次出现“蜂蜜”一词，鉴真大师首次把蜂蜜传入了日本（山田宪太郎《香料》）。遗憾的是目前还无法确定鉴真大师究竟是按照什么比例使用这些香药制作合香的，但调制合香始于鉴真大师是毫无疑问的。

据《续日本纪》记载，鉴真大师到达日本时虽然已经双目失明，但是依然能依靠嗅觉识别香药，对已经传入日本的香药进行整理分类，并教授人们制作中药和调配香料。鉴真大师精通中医，常为人们诊病疗疾，曾

▲鉴真大师像

为天皇根治顽疾。鉴真大师的用药配方《鉴上人秘方》（一卷）虽然没有保留下来，但是日本人一直尊崇鉴真大师为“日本汉方医药始祖”（“汉方”即中医）。

奈良时代，香木和香料依然属于极其珍贵的舶来品，仅限于宫廷和各大寺院使用，不是一般民众可闻可见的。日本最古老的诗集《万叶集》中有一首诗就非常形象地描述了这种状况，诗文大致的意思是“只能在河边吃死鱼的卑贱女奴，不要接近涂了香粉的塔”。“香粉塔”源于唐朝宰相杨国忠穷奢极欲的典故。据说杨国忠曾用沉香为阁，檀香为栏，用麝香、乳香拌和之后粉饰阁壁。这首诗就是说佛塔的塔壁是涂了贵重香料的，告诫身份低下的女奴不要靠近。

平安时代（794—1192）
——贵族合香的时代

794年，桓武天皇（737—806）迁都平安京（现在的京都），标志着平安时代的开始。平安时代是日本与中国交流最频繁的时期。日本政府重新开始派遣遣唐使，以最澄、空海法师为首的留学僧从唐朝学来最先进的佛教文化并带回大量佛教经典与器物。每一个遣唐使或留学僧回国之前都会千方百计地获取一些中国物产。著名的天台宗慈觉大师圆仁在留学日记《入唐求法巡礼行记》中记录过这样一次经历：839年2月，由于当时唐朝政府禁止外国人私自购买物品，圆仁留学期间一直没有机会获得香药。回国之前，圆仁与遣唐使随从以及其他留学生四人偷偷下船跑去港口附近的市场，准备买些香药带回国。可是不巧被当地官吏发现，他们只好丢下二百余贯钱仓皇逃回遣唐使船。日本朝廷也曾于 874年专门派人前往唐朝寻求香料。然而，894年开始日本朝廷采纳了菅原道真（845—903）的建议，停止派遣遣唐使。从此以后，日本文化由完全接受中国文化开始形成具有独特审美意识的本土文化，即“国风文化”。

虽然官方不再派出遣唐使，但是民间来往依然不断。唐朝和新罗商人奔波于两国之间，把各种香料、合香以及合香的配方等输入日本。喜欢舶来品的贵族们尤其钟爱从中国进口的沉香或檀木质地的佛像、桌子、台子、盘子等。空海法师在书信中曾提到唐朝商人带来“百合香”。平安时代的汉学专家藤原佐世（847—898）将当时传入日本的汉唐古籍整理成《日本国见在书目录》（875），其中就收录有“诸香方”和“龙树菩萨和香方”等来自中国的合香方。

▲慈觉大师圆仁像

这个时期，宫廷的贵族们已经掌握了调制和使用合香的技巧，并可以根据季节、时间、场合或者心境，选择不同的香料调制不同的合香。他们把鉴真大师传授的合香技艺与本土的自然风土人情结合起来，创制了符合贵族生活情趣的合香。这种合香被称为“薰物”或“练香”（也写作“炼香”）。“薰”原指一种香草，泛指花草的香气，也通“熏”，做动词用，表示以气味熏炙。在日语中，“薰物”是名词，指散发香气的物品，即合香。

“薰物”的主要原料有沉香、丁香、乳香、白檀、麝香、甲香、龙脑等。制作时先将香料分别磨制成粉末，然后按照一定的比例和顺序调和，并加入蜂蜜、葛粉、梅子肉作为黏合剂。调和均匀后做成药丸状，最后装入陶瓷罐里，埋在地下三五日，让各种香料完全融合在一起。品闻“薰物”时，事先将烧好的炭放入香炉内，盖上香灰，取出一丸“薰物”放在炭上（或炭边），盖好香灰（或不盖香灰），“薰物”慢慢受热后就会散发出沁人心脾的独特芳香。因为看不见香丸，这种用香方式被称为“空薰”或“空炷”，“薰物”因此也写成“空薰物”或“空炷物”。贵族们热衷于调制“薰物”，并利用自制的“薰物”香熏房间、衣物、扇子、信纸以及秀发。调制“薰物”以及“薰物”的香气都已经成为身份和地位的象征。他们争相调制各种“薰物”，并拿出来相互比试，举行“薰物合”这样的赛香会。“合”在日语中表示带有比赛性质的游戏，如“根合”（比菖蒲根的长短）、“贝合”“歌合”“扇合”“绘合”“菊合”等，后来还有“名香合”等。平安时代最具代表性的“薰物”是“梅花、荷叶、侍从、落叶、菊花、黑方”，被称为“六种薰物”，创制时期不明，创制者也各有其说。每种“薰物”的香料基本上是固定的，只是各种香料的用量以及调制手法因人而异，所以史书上有多种“六种薰物”配方。今天京都

▲平安六薰物

的老牌香品店仍按照宫内传下来的配方调制“六种薰物”，并定期提供给宫内使用。

“六种薰物”在平安时代的《后伏见院宸翰薰物方》与室町时代的《六种薰物》（详见下一节）中都对这六种合香香气的特点做了解释，并且把香气的特点与四季的变化联系起来，说明六种合香分别适用于不同的季节和场合。

平安时代与室町时代的六种薰物

名称	香气印象 平安时代的《后伏见院宸翰薰物方》	时节	香气印象 室町时代的《六种薰物》	时节
梅花	似梅花之香	春季	迎春梅花熟悉的暗香	春季
荷叶	似荷花之香	夏季	清凉荷花的淡香	夏季
菊花	似菊花之香	秋冬	淡雅秋菊的幽香	秋季
落叶	枫叶飘落， 心生孤寂悲哀之情	秋冬	落叶飘零、 怀念故人的感伤	冬季
侍从	秋风萧瑟的傍晚， 心生爱怜之情	深秋	秋风萧瑟的孤寂	秋冬
黑方	怀念之情， 让人心平气和	冬季	彻骨之寒的冰冷	秋冬

“六种薰物”中“黑方”最特别，规格最高，常用于喜庆祝贺等正式场合。“黑方”也写成“玄方”或“坎方”。“玄”字本就代表黑色，又有玄妙之意，而且日语中“黑”和“玄”的发音相同。

日本的“薰物”源自中国，但也有其独特之处。山田宪太郎在《香料》中分析，对比中国宋代的合香方，日本“薰物”的沉香用量几乎占原料总量的一半，而白檀的用量极少，看来古代日本人似乎不太喜欢白檀的幽艳。

一、第一部合香集 ——《薰集类抄》

日本历史上第一部合香的香方集是《薰集类抄》(1206)，记载了平安时代的各种“薰物”的香方和调制方法，据说是平安末期的寂莲法师(？—1202)所撰，收录在日本国学文史资料集《群书类从》(塙保己一，1793)里。《群书类从》还收录了《后伏见院宸翰薰物方》(后伏见上皇，镰仓时代)和后小松上皇(1377—1433)所撰的《六种香记》(室町时代)等合香典籍，以及《五月雨日记》(作者不详，15世纪后期)中的“六种薰物合”(1478年11月16日)、室町时代第八代将军足利义政举办的“六番香合”(1479年5月12日)、《名香合》中的“文龟二年(1502)志野宗信家中香合”等历史上三个著名的赛香会，最后还有玩隐永雄(生卒年不详)校注的《名香目录》(1601)。

《薰集类抄》分上、下两卷，上卷详细介绍了二十三种"薰物"，即"梅花、荷叶、侍从、菊花、落叶、黑方、坎方、薰衣香、增损化度寺、裛衣香、百步香、百和香、令人体香、浴汤香、润面膏、甲煎、建医师衣香、香粉、烧香、印香、供养香、金刚顶经香、观世音菩萨留湿香"；下卷主要介绍"薰物"的调制方法，分为"和合时节、煎甘葛、炮甲香、舂香、筛绢、筛后斤定、合筛、和香次第、合和、合舂、埋日数付埋所、诸香"十二个章节。

《薰集类抄》中介绍"薰物"香方因人而异。如"梅花"就有"闲院左大臣（藤原冬嗣）、贺阳宫（桓武天皇的皇子）、滋宰相（滋野贞主，785—852）、八条宫（仁明天皇的皇子）"等数人的配方。所有人都以沉香为主料，除了沉香和麝香的用量稍有不同以外，其他几种香料的用量均相同。

这些"薰物"配方都属于皇子亲王、朝廷重臣、皇后嫔妃的私人所有，有些还是秘不外传的秘方。值得注意的是具体调制合香的应该是服侍王宫贵族的宫女或侍女们，她们按照主人的要求准备配料、研磨香料、调和香粉、捏制成型、包装储存，还要在主人准备品香时温炉备炭，埋香理灰。可以说在整个"薰物"调制过程中，她们接触各种香料的机会最多，有能力分辨出香料的种类与质量。最重要的是她们还可以站在主人身后品香，判断香气的好坏。据说"侍从"最早是一名侍女调制的，所以就以此命名。无论是贵族还是实际操作的侍女，这个时代人们对香料，尤其是沉香的认识为后来直接品闻沉香奠定了基础。

《后伏见院宸翰薰物方》是后伏见上皇的各种"薰物"配方以及调制程序和注意事项，内容与《薰集类抄》大相径庭。但是在"和甘葛煎事"中特

群書類從巻第三百五十八

撿挍保己一集

遊戯部一

薫集類抄上

諸方　傳方之人依時代立次第

梅花　荷葉

侍從　菊花

落葉　黒方

坎方　薫衣香

増損化度寺　裛衣香

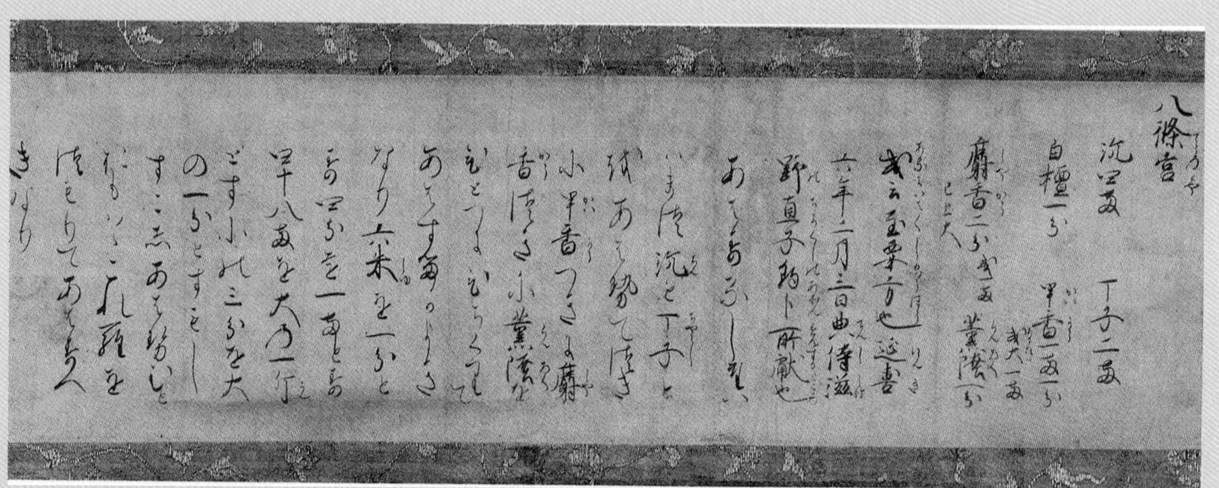
八條宮

沈四兩　丁子二兩

白檀一分　甲香一兩一分

麝香二分……薫陸一分

▲《薫集类抄》（图片来源：日文版图书《源氏香的世界》）

别提到为了让各种香料更好地融合在一起，“薰物”调制好之后必须放置（最好埋在地下）一段时间，使之成熟，这样制作出来的“薰物”香气更加柔和。

后小松上皇撰写的《六种香记》大致成书于14世纪末期到15世纪初，主要内容是“六种薰物”的配方和调制方法，另外还有一些实际使用“六种薰物”的例子。

二、宫廷文学与合香

日本第一部长篇小说《源氏物语》（紫式部，生卒年不详）成书于平安时代，通过主人公光源氏一生的生活经历和爱情故事，描绘了平安盛世上流社会奢华享受的生活情景，其中有大量关于“薰物”的内容。

例如：天气晴朗的日子适合做香，要早早起来准备调制“薰物”。贵族女子多擅长调制“薰物”，用香熏染衣物是她们的日常工作，而男子则在花晨月夕品香、论香。“薰物”的香气是评判女子德行的一项重要标准，也有人请高人调制“薰物”，作为馈赠礼品。贵族们经常带着各自调制的“薰物”举行赛香会，而女子们则在房间里熏香，让信纸、扇子、衣裙、长发上留有香气。平安时代的贵族女子以长发为美，两米多长的乌发一年中只能清洗几次，所以平时生活中必须依靠熏香祛除异味，留有余香。

第三章“空蝉”讲述了一个名叫空蝉的女子拒绝了主人公光源氏的求爱。光源氏只留得一件带有她香气的单衫聊作纪念，哀叹“蝉衣一袭余香在”。

▲紫式部像

第五章“若紫”中有这样一段内容：“屋内幽雅的空薰物香气，定是名香，而光源氏袖内溢出的追风香气，更是让所有的女性们心动不已。”这里的“空薰物”即用来熏房间的合香，“名香”是供佛烧香用的香料，“追风”则表示光源氏衣服上特有的香气。

第三十二章“梅枝”中描绘了一场华丽的“薰物”赛香会。作者详细描述了光源氏和几位夫人调制“薰物”的情景，以及赛香时的环境、评定香气的标准等，强调了香对凸显个人品位和身份地位的作用。

光源氏决定在女儿的成人礼上使用“薰物”，于是命令下人将高丽人上供的新旧沉香木都拿出来挑选，然后指挥侍女调制了两种“薰物”。这两种“薰物”就是著名的“六种薰物”中的“侍从”和“黑方”，据说是仁明天皇（810—850）在承和年间首创的。此香方被称为“承和秘方”，规定是“不传男子”的，但不知为什么光源氏却熟知此方，并亲自调制。而紫之上夫人（光源氏的正室）躲在别处，调制“梅花”，准备与光源氏一比高低。紫之上夫人使用的香方是“薰物”名人——本康亲王（？—902）的秘方。

“薰物”调制好之后，侍女们将其装入精心挑选好的香壶或香钵里，并将品香用的“火取香炉”也擦拭干净。成人礼的前一天，细雨绵绵，空气湿润，光源氏召集各位夫人及大臣送来各自调制的“薰物”，举行了盛大的赛香会。光源氏认为通过“薰物”的浓淡香气，便可知调制者的修养旨趣。赛香会的这一天，院内梅花绽放，室内香气飘荡，让所有在场的人为之沉醉。

▲香道泉山御流北京教室

《源氏物语》中还有一个妻子忍受不了丈夫再娶的故事。被称为黑胡子的右大将准备迎娶光源氏的养女为侧室，而他的夫人却很不高兴。当黑胡子右大将欢天喜地准备去见心爱的女人时，正在为丈夫的外衣熏香的夫人实在忍无可忍，一气之下将手中香炉扔向了丈夫，撒了丈夫一身香灰，然后带着孩子回娘家了。可见即便是豪迈粗放的武将，外出时也要穿熏了香的衣服。

另外，光源氏的次子因为天生带有香气，因此被称为“薰君”，即香公子。穿着熏过香衣物的女子身上都带着香气，走过之后，风中都充满香气，那香风都能让邻居家的人从梦中惊醒。懂香之人可以凭借香气判断该女子是哪家的千金。

平安时代中期的另一部文学著作《枕草子》是女作家清少纳言（966—1025）的散文集。清少纳言，原姓清源，因精通汉文诗词与和歌，被召进宫中侍奉中宫皇后的笔墨。她在《枕草子》中记录了许多对日常生活的观察和随想，其中就有宫廷贵妇用“薰物”熏衣、熏发的情景。她认为：

最令人愉悦的是
养一只小雀，
看逗弄婴儿，
熏一炉好香，独自儿横卧。
……
梳洗装扮，穿上香熏过的衣裳，
即使无人可见，也是格外愉快。

镰仓时代是以镰仓（现在神奈川县镰仓市）为全国政治中心的武家（武士阶层）政权时代，是日本幕府时代的开端，也是日本社会从以贵族文化为主的时代向以武家文化为主的时代转化的重要时期。镰仓时代的文化呈现出过渡性文化的鲜明特点，在近一百五十年的时间中，日本传统文化中的诸多因素初现端倪。

一、“薰物”不再专属贵族

以京都为中心的上流贵族社会依然延续平安时代的习惯，使用以沉香为主要原料的“薰物”。皇室贵族们常把自制的“薰物”赏赐给下属或武士。《花园天皇宸记》记载，花园天皇（1297—1348）曾亲自调制“薰物”赏赐给大臣。王室贵族们在聚会游戏时，也会使用“薰物”营造室内气氛。镰仓时代的女歌人辨内侍（生卒年不详）在《辨内侍日记》中记载1249年3月宫中举行的“斗鸡”会上，参赛者竟然给斗鸡都撒上丁香粉和麝香粉，还有人给斗鸡熏香。

贵族嫁女儿时都以“薰物”作陪嫁。平安末期镰仓初期的贵族宰相九条兼实（1149—1207）在自己的日记《玉叶》中提到女儿的嫁妆里有“梅花、荷叶、侍从、黑方”四种“薰物”，一共四壶。他的孙子九条道家（1193—1252）在日记《玉蕊》（1209—1238）中记载了为入宫为妃的女儿准备了四种“薰物”。除此之外，贵族们还以香木和“薰物”作为室内装饰，出现了许多以香木为材料的家具和器皿。

▲上：奈良药师寺外景
　下：奈良药师寺香室

镰仓时代的“薰物”相比平安时代已不再专属于宫廷贵族了，这一点我们可以从当时流行的歌谣中略知一二。明空和尚（生卒年不详）收集整理了镰仓时代的歌谣集《宴曲集》（1296）和《真曲抄》（1296），其中都有描写“薰物”的诗歌。如《宴曲集》第三卷，“为君熏衣裳，有香如白云。山风吹树木，散花无存留。明日定积雪”。《真曲抄》中也有一首，起句“深染君名薰衣香”之后，接连歌咏了“百步香、梅花、莲叶、白菊、黑方”等“薰物”，最后又热情地歌颂了“薰物”，即“烦恼在雾中，求法真理道，知晓焚妙香。佛土薰香有微笑，青白朱色莲花香。荷叶湛湛水清清，功德池浪有清薰。林间菩提意，山中涅槃新，荣乐盛处渡薰风”。这些诗歌都是在供佛法事后的宴席上所作的。这种诗歌形式在当时贵族、武士以及僧侣之间非常流行，可见只属于上流社会的“薰物”已经进入僧侣、武士阶层的生活中了。

二、武家与禅宗

武士，本意是贴身侍卫。平安时代初期，地方领主为保卫领地建立了一些私人武装。在扩张势力的过程中，以宗族和主从关系为基础的私人武装逐渐成为制度化的专业军事组织。平安时代末期，朝廷势力衰弱，不得不借助这些武士的力量镇压地方反叛。其结果就是武士阶层逐渐发展壮大起来，最后掌握政权，形成“挟天子以令诸侯”的局势。因为贵族阶层被称为“公家”，所以掌握政权之后的武士阶层就被称为“武家”。

武家的最高权力者是将军，其次是地方领主，即“大名”。统治机构称为“幕府”，“幕府”原意是指将军的指挥所，所以历史上就用将军建立政权的地名作为各个幕府的名称，如“镰仓幕府”“室町幕府”以及“江户幕府”。战争时期武士是军人，和平时期武士则是执政者，所以武士必须文武双全，不仅精通剑道、柔道、空手道等各种武艺，还要谙熟社交礼仪、艺术欣赏、文学雅乐等，所以日本历史上很多著名的武将同时也是艺术造诣很高的文人。

“武士道”一词最早出现于江户时代初期（《甲阳军鉴》），因新渡户稻造（1862—1933）的《武士道》（1900）一书而广为人知。“武士道”与茶道、花道和香道不同，它不是一种艺道，而是在漫长的过程中形成的一种复合型精神意识。它包含中国儒教的“信、义”的观念、禅宗的生死观，以及日本神道的忠诚信仰。尤其是禅宗的教义、清规对武士阶层的精神世界产生了深刻的影响，为武士政权提供了坚实的信仰支持。日本历史上第一个幕府——“镰仓幕府”就是借助禅宗的力量巩固政权的。1192年，源赖朝（1147—1199）在镰仓建立“镰仓幕府”，这时候日本禅宗始祖荣西法师（1141—1215）正好刚从南宋学法归来。

荣西法师于1168年、1187年两次漂洋过海前往南宋求法，入宋以后，他在赤城天台山的万年寺随虚庵怀敞禅师学禅。数年后，终于悟入心要，得虚庵怀敞禅师的认可，继承临济宗黄龙派禅法。1191年7月返回日本之后，他先后在九州与京都弘扬禅宗教义，但是遭到国内旧佛教势力的打压。1198年，荣西法师写成《兴禅护国论》，提倡自力与悟道，强调“持戒”与“护国”，这些正好符合武士阶层的自我修养，迎合了幕府统治的需要。1200年，荣西法师前往镰仓，在镰仓幕府的庇护下开始传播禅法。从此禅宗开始兴盛，荣西法师也被尊为日本临济宗的开山始祖。

三、禅宗与“一炷香”

平安时代，日本天皇与贵族信奉天台宗，寺院里举行修法、灌顶法会时，都会大量使用各种香料。据天台宗青莲院的《门叶记》记载，当时寺院法会的必备物品有五宝、五药、五谷，还有名香和五香（沉香、白檀香、丁子、郁金香、龙脑香）。除了烧香以外，寺院还用香料涂抹祭坛，在佛像周围播撒末香。

然而禅宗却与之完全不同，禅宗崇尚自然，不事浮华，清心寡欲、闲淡清静、幽玄空寂，供佛参禅也以朴素自然为本。沉香清凉纯正，穿透力极强，那独特的香气能够使人心静神安，升起恭敬虔诚之情，更能让人忘却尘世，学会放下。与混合香料制成的供佛用香相比，沉香更适合打坐参禅。宋元期间的禅宗文献中也出现过“一炷香”的记录。如宗赜禅师（生卒年不详）编修的《禅苑清规》、元代的《禅林备用清规》中随处可见“烧香一炷”的内容。这时候还没有出现线香，因此可以肯定“一炷”不表示我们现在理解的“一根”线香。禅宗传入日本以后，日本禅宗寺院的资料中也出现了“沉香”“一炷香”的内容。

日本禅宗曹洞宗开山始祖希玄道元（1200—1253）曾师从临济宗的荣西法师。1223年入宋，随天童山长翁如净法师修行，1227年继承曹洞宗法嗣后返回日本。回国后，希玄道元根据宋代禅宗寺院的规章制度，制定了日本第一部禅院清规——《永平清规》。希玄道元还有一部《正法眼藏》，详细介绍了禅宗寺院修行与日常生活的规则。在“供养诸佛”（十二卷五）中规定“以水陆之花或旃檀、沉水香供佛”。在“看经”（即默读经文）一节中规定“施主入山请僧看经，须在手炉内焚沉香、笺

（浅）香等名香，此香须由施主亲自准备”。僧侣把施主准备的沉香烧好之后，才能开始默读经文。在“陀罗尼”一节中，道元法师详细说明了僧侣向师父烧香参拜的规定，大致内容如下：修整衣冠向师父烧香礼拜时，僧侣须先手持一片香焚香。焚香时，将手中或掖在衣襟、怀中、袖口里的一片香取出来。如果香是包着的，就把香包左边面向身体，打开香包取出香后，用两手温香，然后插入香炉中。香必须竖立在香炉里，不能倾斜。放好之后转身走到师父面前，再次向师父合掌低头行礼。在“袈裟功德”一节中，道元法师介绍了将沉香或旃檀溶于水中，用此香水清洗袈裟的事例，并强调清洗沉香时不能把沉香折断，更不能把沉香弄碎，只需要将表面清洗一下即可。希玄道元的另外一本佛教典籍《佛祖正传菩萨戒作法》中也有“烧小片沉香、笺（浅）香”的内容。

我们再来看看这个时期日本禅僧的诗文。临济宗禅僧天岸慧广（1273—1335）的《东归集》中有这样一首诗：

悠悠世事不关情，
一炉沉水一瓯茗。
闲读茶经对客评。

临济宗禅僧虎关师炼（1278—1346）的诗学著作《济北集》中有一首《丈室焚香坐赋》：

十笏室，六赤床。
八卦瓷，一炷香。
微烟未发素馥。

这里的“一炷香”和“微烟”，很明显是指焚烧了一小片沉香，否则不会有淡雅清新的“素馥”。只有沉香，也只有一小片沉香才能在加热的情况下散发出这种香气。“微烟未发”是否指“隔火熏香”方式，目前还没有史料可以佐证，毕竟寺院用香是为了供佛参禅而不是品香。

其实中国唐宋著名诗人白居易、苏轼、陆游等都有“一炷香”的诗歌作品，其中最有名的当数宋代诗人黄庭坚的“一炷烟中得意，九衢尘里偷闲”。另外，唐宋文人还有“焚香拜读”的习惯，据说柳宗元收到韩愈的寄诗时必先净手焚香，以示尊敬。这种习惯也随着禅宗传入日本。

1279年，南宋的著名禅僧无学祖元（1226—1286）东渡日本，弘扬禅法，为禅宗扎根日本做出了杰出的贡献。他曾出任镰仓建长寺的第五代住持，后来幕府将军在镰仓建造圆觉寺时，又请他出任圆觉寺的开山。据说他在接到幕府将军的公文时，“将军公文及，钧座备申文状共三纸，一炷香览讫”，他以焚香向将军表示最崇高的敬意，一炷香后才郑重地打开文书开始阅读。这种焚香仪式在《禅苑清规》中有明确规定，“如果收到尊者的信函，必先焚香，向尊者所在方向行礼，然后才能打开阅览”。

日本临济宗高僧义堂周信（1325—1388）在日记《空华日用工夫略集》中也提到了寺院收到幕府将军的来函后必须“焚香拜读”。

室町时代（1336—1573）

——香道初成的时代

室町时代是一个分裂、统一，再分裂、再统一的时代。镰仓幕府1333年被灭之后，足利尊氏（1305—1358）终于在1336年于京都室町建立幕府，标志着室町时代的开始。同一时期，后醍醐天皇（1288—1339）在奈良吉野另立政权，史学界称这一时期为“南北朝时代”，足利尊氏的室町幕府为北朝，后醍醐天皇的朝廷为南朝。

1392年，室町幕府第三代将军足利义满统一了全国，结束了南北朝时代。然而第八代将军足利义政执政期间，由于武士之间的权力斗争进而引发将军的继嗣问题，导致长达十一年之久的“应仁之乱”（1467—1477），国家再次陷入分裂状态，拉开了战国时代的序幕。

“应仁之乱”的主战场在京都，战火遍及市内大街小巷、寺院神社、贵族宅邸。幕府权威丧失殆尽，国家财力急剧下降，贵族势力也遭受沉重的打击，连居住和生命都受到威胁，完全从统治阶级的地位跌落下来。战乱严重影响到国家的经济文化的发展，进出口贸易也被迫停止，香料等依赖进口的物产大幅度减少，导致价格暴涨。

在文化方面，无论是贵族阶层还是武家文化依然受到禅宗思想的影响。14世纪末期出现了以足利义满的北山山庄（今金阁寺所在地）为代表的北山文化，15世纪末期形成了以足利义政的东山山庄（今银阁寺所在地）为代表的东山文化。前者具有传统的贵族文化与新兴的武家文化相融合的特征，华丽而奢侈；后者是贵族文化、武家文化、禅僧传

▲金阁寺

入的宋代文化以及新兴的庶民文化相融合的复合文化，朴素而幽玄。

一、佐佐木導誉与名香

从镰仓时代到室町时代，用香形式发生了很大的变化，上流社会用香开始从合香转向沉香。目前还没有史料可以证明香文化发生变化的具体时期，但是从日本古典文学名著《太平记》（作者不详，14世纪）中的描述可知以佐佐木導誉（1296—1373）为代表的上流武士对沉香的迷恋程度。

◀佐佐木導誉画像

佐佐木導誉是镰仓、室町时期的著名武将，曾辅佐室町幕府第一代将军足利尊氏建立政权。他非常喜爱花道、茶道、香道和连歌，特别喜欢收集上等沉香，只要他看上某种名香，就会不惜一切代价据为己有。据说他在上战场之前都不忘点一炷香。佐佐木導誉驻守京都期间，经常邀请京都的名流和武将举行奢华的聚会。据《太平记》描述，每次聚会都有山珍海味的宴席，室内摆着来自中国的沉香、麝香、沙金（类似金粉）等珍奇宝物。在一次宴席上，他竟然烧掉数斤重的名香。1366年，他在京都郊外的寺院举办大型赏花会，“用紫藤枝吊起青瓷香炉放在贴满金箔的桌子上，炉内焚烧着鸡舌沉水。香气随着暖暖的春风飘散，使人们仿佛进入了旃檀之林……正房前面的大院子里有四株十个人才能合抱的樱花树，每棵树下都铸造一个三米多高的黄铜花瓶，把四棵大樱花树装扮成两对瓶插花。花瓶中间有一个两人才能合抱的大香炉，放在两张桌子上面，香炉内一次便焚烧一斤名香，香气四散，人们宛若置身于浮香的世界”。正所谓“花开花落二十日，一城之人皆若狂”“牡丹娇艳乱人心，一国如狂不惜金”。这些描述或许有些夸张，但是如果没有雄厚的经济实力和政治力量，是无法获得如此之多的沉香的。

佐佐木導誉是日本香道历史上非常重要的人物，对其之后的香人们产生了非常重大的影响。

室町时代后期的临济宗僧侣季琼真蕊（1401—1469）和龟泉集证的《荫凉轩日录》（记录足利义政日常活动的日记）记载佐佐木導誉收集了一百八十种名贵沉香。志野流香人建部隆胜在《香道秘传书》中也提到这一百八十种名贵沉香，其中还包括天下第一名香“兰奢待”。佐佐木導誉去世后，他收藏的名贵沉香被第三代将军足利义满收藏，并传给了第八代将军足利义政。

佐佐木導誉还是一名和歌歌人，室町时代的《新续古今和歌集》（1439）以及连歌集《菟玖波集》（1356）中都有他的作品。《菟玖波集》中收录的他的三首诗还是歌咏“薰物”的。一代文人武将佐佐木導誉被称为“婆娑罗”，即追求时尚奢华、才华横溢而言行举止不受世俗礼节约束的人。他既有能力大肆挥霍收集的沉香，也能与宫廷贵族们一起品闻“薰物”。沉香和“薰物”都是奢侈品，品鉴沉香也好，品闻“薰物”也好，都是阳春白雪式的高雅文化，没有一定的文学修养和香文化知识是无法做到的。佐佐木導誉这样的文人武将的出现，标志着日本香文化开始从贵族阶层向武士阶层发展开来。

二、“十炷香寄合”盛行

“寄合”是指日本古代一般民众的集会。室町时代，“寄合”这种民众集会上出现了以香为内容的娱乐活动。早在平安时代，宫廷中就已经出现赛歌、赛花、赛茶、赛香等比赛性质的娱乐活动。当时赛香是比试谁的“薰物”香气好，然而室町时代盛行的赛香主要是以猜香为内容。

室町时代初期成书的《建武记》（编者不详，1335）收录了一部分当时的政策法令，其中有一段讽刺时事的匿名打油诗《二条河原落书》是研究当时社会现象的重要文献。“落书”是讽刺、嘲讽时事或人物的匿名文字，一般贴在人目易见的场所、权贵门墙，或闹市街头，以发泄对社会的不满。《二条河原落书》是1334年写在京都二条河原的打油诗，有八十八句之多，其中提到当时京都、镰仓等地流行的“茶香十炷寄合”。

《异制庭训往来》是镰仓末期或室町初期的书信文集，以往来书信的形式介绍了一些衣食住行、职业、领国经营、建筑、司法、职分、佛教、武具、礼仪、疗养之类的知识。其中提到“茶香之玩，当世样”，说明当时社会上流行玩茶、玩香的聚会。

室町时代中期的贵族官僚中山定亲（1401—1459）在日记《萨戒记》（1418—1443）中记载：“今日内里十种御香云云，人人多参入，仍洞中无人也。”“内里”指宫廷，宫廷内举办“十种御香”香会，因为是皇族主办的香会，所以称“御香”，贵族、僧侣、武家等人人都去参加，家里都没人了。

“十炷香”或者“十种香”就是一次香会品闻十炉香，这也是后来香道基本形式“组香”的原型。“十种香”并不表示十种不同的沉香，而是十炉香。根据香会记录人的习惯，十炉香有时写“十炷香”，有时也写成“十种香”。其具体形式就是准备四种不同的沉香，分别标记为“一、二、三、客（或简化为ウ）”，“一、二、三”沉香各分三片包好，一共九包。“客”香只准备一包，这样一共是十包香。将十包香打乱顺序后逐个品闻，客人们根据每炉香的香气特点判断究竟属于四种香中的哪一种，最后是以猜中次数多者为胜。后来这种“十炷香”或者“十种香”逐渐演变成有奖形式，而且奖品过于豪华奢侈，以至于后来被严厉禁止。

室町时代的“十种（炷）香”在许多香道史料中都能看到，但是都没有具体的形式和内容，所以我们只能从后来的“组香”中推测当时十组香的具体情况（详见第三章“组香”）。江户时代，香人把“十种（炷）香”与古典文学联系起来，创制了“宇治香、系图香、源氏香”等组香形式。

室町时代前期出现的“十种（炷）香”标志着日本开始摆脱中国文化的影响，发展为独具本国特色的香道文化。室町时代，日本的海上贸易迅速发达，执掌政权的武士阶层从中获利丰厚。他们既可以直接派遣商务船队前往中国贸易，也可以从进口货物中挑选上乘香料据为己有。同时还增强了与东南亚各国的贸易往来，香料进口已不再完全依赖中国，这也是“十种（炷）香”盛行的物质基础。

三、东山文化促使香道初成

（一）足利义政与东山文化

室町时代末期，幕府第八代将军足利义政无意于政治，沉迷于修造庭院、闻香品茶、插花作诗等个人爱好中。围绕下一代将军的继承问题，幕府内部发生分裂，引发了长达十一年之久的内战——“应仁之乱”，最终导致日本进入群雄割据的战国时代。虽然足利义政是一个失败的执政者，但是他对室町时代的文化发展做出了一定的贡献。“应仁之乱”结束后，足利义政隐居到京都的东山别墅里（即东山山庄），接连建造了观音殿、东求堂等十二座楼阁殿舍，对日本后来的庭院、建筑、茶道、花道、香道、文学、艺能等文化艺术的形成与发展产生很大影响，历史上把这段时期的文化称为“东山文化”。

足利义政在东山山庄建造的十二座楼阁中的第一阁就是著名的东求堂，

▲足利义政画像

里面有居室和佛堂。还有一间四叠半的茶室，是最早的一间茶室，也是近代日式建筑的原型。东山山庄里面第八个楼阁是“弄清亭泉殿”，也称为“御香之御座敷”，是足利义政专门品香的香室，也是日本香道香室的原型。据《五月雨日记》记载，1479年5月12日，足利义政在这里举办了“六番香合”。现在，东京、名古屋等地有几处仿照弄清亭样式建造的香室。顺便提一下，东山山庄的第二个楼阁名叫“二重阁”，就是现在银阁寺里的银阁。

足利义政还是一个沉香收藏家，他自己收藏有八十多种名香，还强行切取了一块东大寺正仓院的名香“兰奢待”。佐佐木導誉留传下来的一百七十七种香木，经祖父足利义满也转到足利义政手里。

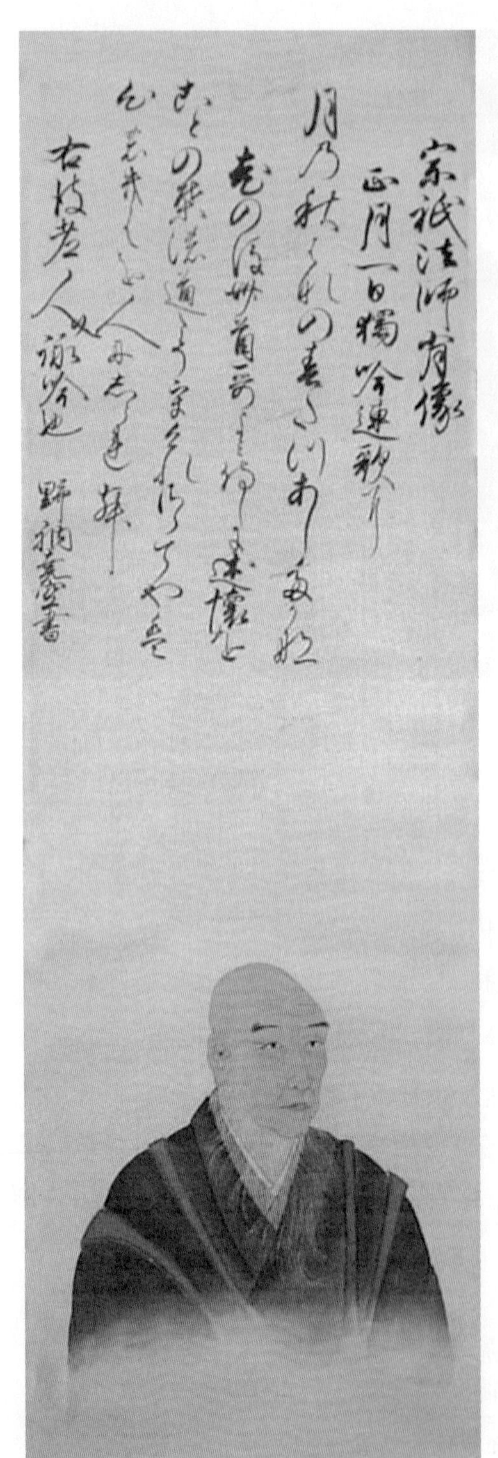

◀宗祇法师肖像

▶银阁

根据当时贵族公卿的日记，我们发现连歌大师宗祇(1421—1502)、和歌学者三条西实隆(1455—1537)、画家和艺术品鉴定师相阿弥(？—1525)、花道创始人池坊(生卒年不详)、茶道祖师村田珠光(1422—1502)等活跃在各个领域的先锋人物常常聚在足利义政的东山山庄里，举行茶会和香会。他们不再像佐佐木導誉那样大块焚烧香木，而是从全力收藏、精心命名的多种沉香木中选择一块，切下一片放在香炉中慢慢品闻那幽玄的香气。他们凭借着一杯茶和一炉香，还有一枝花，在战火纷飞的乱世中寻求一点精神安慰，也正是这些东山文人的追求，使茶、香、花最终成为日本传统文化的三大支柱。

（二）三条西实隆与香道“御家流”

三条西实隆出身于名门贵族，法名尧空，号逍遥院，1506年升“正二位内大臣”，官至贵族阶层的最高级别。他通晓“有职故实”（又称“有识故实”，是在儒学明经道、纪传道的影响下出现的对日本历史、文学、官职、朝廷礼仪、装束传统进行考证的学问），精通古典文学、和歌、连歌，并从著名的连歌大师宗祇那里承袭了中世纪和歌界的最高秘传——“古今传授”（研究赏析《古今和歌集》中和歌奥义的学问）。

▲三条西实隆画像（图片来源：日文版图书《香的文化》）

据三条西实隆的日记《实隆公记》记载，他曾多次参加宫中举行的香会，如“十炷香吞酒夜更”“十炷香大酒终夜”等。他还受命书写香会上用的“香札”（猜香时提交的答案）。他的代表作《雪月花集》是一本名香集，其中提到名香“兰奢待”。相传三条西实隆本人就收集了六十六种名香。尽管至今还没有史料可以证明他确立了香道的具体形式，但是他对志野宗信等人的指导无疑对草创期的香道产生了很大的影响。

以三条西实隆为中心的贵族们把当时非常盛行的“连歌”融入香会中，按照“连歌”的形式举行“炷继香”“炷合香”形式的香会。与会者按照规定的顺序先以自己香木的香名作一首“连歌”，然后点燃香木请大家品闻。最后将所有参加者的诗歌记录下来，成为一首以香名为主题的“连歌”。后来，贵族文人又把古典小说文学等和香会联系起来，形成了文学色彩非常浓厚的“组香”，也就是今天日本香道的主要形式。贵族间流行的这种香会形式，最后通过志野宗信（1443—1523）、细川幽斋（1534—1610）、伊达政宗（1567—1636）等与贵族交往密切的上流武士，以及大阪等地的富商传承下来，江户时代向一般民众传播开来。

三条西实隆的儿子三条西公条（1487—1563）、孙子三条西实枝（1511—1579）继承了他的香道事业，确立了以贵族文化为中心的香道形式，后人称他们三人为“三条西三代”。三条西流派的香道是在平安贵族的赛香会的基础上发展起来的，但使用的香品是以沉香为主，而不是“薰物”。受贵族文化的影响，流派特点是风格高雅、香具华丽、手法阔达。到了江户时代（1603—1867），香道界称三条西家传承的香道流派为“御家流”。因为志野流创始人志野宗信曾得到三条西实隆的指导，所以三条西实隆是御家流和志野流共同尊崇的香道始祖。

◆**和歌与连歌**

和歌是日本的一种诗歌体裁，是针对从中国传入的汉诗而言的。日本最初的诗歌都是用汉字写成的，汉字既表意，有时也表音。后来，在这种基础上就形成了具有日本特点的诗歌。因为日本民族也称“大和民族”，所以便把这种不同于中国汉诗的诗歌称为“和歌”。

和歌最早出现于奈良时代，包括长歌、短歌、片歌等多种形式。受中国五言绝句、七言律诗的影响，日本的和歌无论何种形式，基本上都是五个音和七个音的组合。平安时代后，喜欢作短歌的人越来越多。明治维新之后，和歌就指短歌，歌人也主要指作短歌的诗人。

短歌针对长歌而言，只有五句，一共三十一个音（假名）。每一句的音节数分别为五、七、五、七、七，其中前三句称为“上句”，后两句为“下句”。短歌的上句，即五、七、五的格式最后发展成为俳句。短歌的上、下句分别由不同的歌人创作，称为“连歌”。连歌同中国近体诗的联句相仿，需要两个人以上即兴创作，一个人作了上句（五、七、五），另一个人接着作下句（七、七），每一句都必须与上句衔接好。有的连歌限制格式或内容，如前句末字与后句首字用同音，某句关于季节、某句关于花等。这样一人一句的连歌，有时连续作五十句，甚至百句。

连歌始于平安时代末期的宫廷中，镰仓时代以后逐渐在僧侣、武士、一般民众中间普及开来。室町时代初期，连歌师二条良基（1320—1388）在《筑波问答》中最先提出连歌应该反映自然和人生变幻无常的本来形态。室町时代中期，以宗砌（生卒年不详）、僧侣心敬（1406—1475）等为代表的连歌师在贵族审美意识的基础上，融入禅的枯淡清寂情趣，使连歌出现幽玄、自然的风格。心敬和尚的高徒、古典文学专家宗祇在继承前辈成果的基础上，终于确立了幽玄、寓意的连歌理念，把连歌发展推向鼎盛。宗祇和弟子肖柏（1443—1527）、宗长（1448—1532）一起编著了一本高水平的连歌集《水无濑三吟百韵》（1488），另外他还整理编写了连歌集《竹林抄》（宗砌、心敬等人的连歌集）、《新撰菟玖波集》（1495）等，并著有《吾妻问答》等阐述连歌理论的文集。

（三）志野宗信与“志野流”

与三条西实隆同时代的武士志野宗信开辟了香道的另一流派——志野流。志野宗信，通称三郎左卫门，号松隐轩，据说出身于奥州白河（今日本东北地区的福岛县），曾居于京都四条地区。志野流第四代传人蜂谷宗悟（？—1584）的《香道规范》中有“东山义公近习，志野流香道元祖”，也就是说志野宗信是足利义政的近臣，志野流香道的始祖。足利义政热衷于闻香、品茶、插花等文化艺术，却极其厌烦当时社会上流行的娱乐色彩很浓的有奖形式的香会，于是命令身边文化水平最高的武士志野宗信开创一种新的香道仪式。志野宗信就拜三条西实隆为师学习香道奥义。三条西实隆不仅耐心教授他宫廷用香的仪式，还给志野宗信和宗祇、肖柏、村田珠光等开发的香道仪式提出了许多建议，又帮他们增加了一些“薰物”香会的内容。

据《宗信名香合记》（1502）记载，1500年5月29日，志野宗信在家中举办了一场香会，肖柏、玄清法师（1443—1521）等十人参加，三条西实隆任裁判，肖柏担任香会记录。

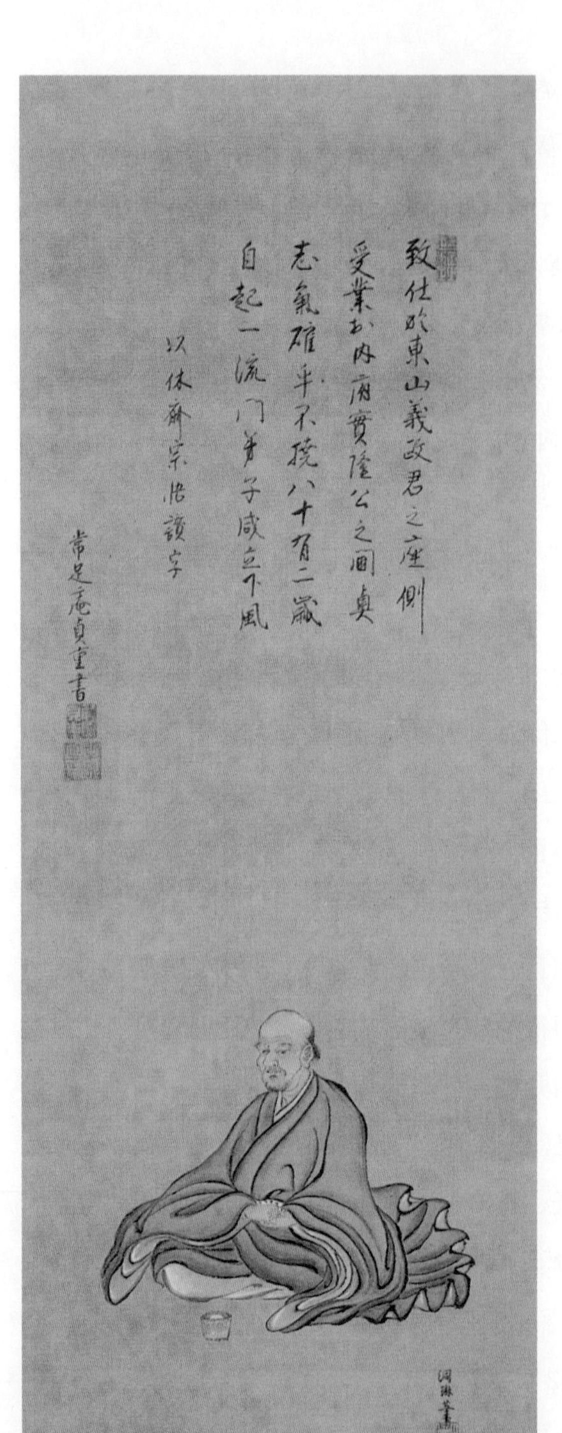

◀志野宗信画像
（图片来源：日文版图书《香的文化》）

志野宗信著有《志野宗信笔记》，也称《宗信笔记》《香记八十八条》。宗信的儿子志野宗温（1477—1557）子承父业，继承了志野流，后来又传给其子——志野省巴（1502—1571）。历史上称这三人为“志野家三世”。志野宗温，又名志野又次郎祐宪，号参雨斋，当时著名的高级武士武野绍鸥、曲直濑道三、细川幽斋、三好长庆、松永久秀、蒲生氏乡、里村绍巴、建部隆胜（生卒年不详）等都是他的高徒。据传志野宗温著有《参雨斋香之记》，内容包括香木名称、香之阴阳之事、香之道具等。流派中武士居多。志野流第三代传人志野省巴虽然继承了父亲的业绩，但他个人认为香道只是一种娱乐，不是可以引以为豪的艺术，故决定退出香道界，回老家东北地区。在他退隐之前打算把志野流交付给建部隆胜接管，可是建部隆胜推辞说身为武将无法承担此重任，推荐了自己的得意门徒蜂谷宗悟。按照建部隆胜的建议，志野省巴将志野流香道托付给了蜂谷宗悟，从此以后，志野流就一直由蜂谷家族世世代代传承下来。志野派的特点是具有浓厚的武士色彩，香具简朴，香道的操作规程井然有序，崇尚沉香幽远枯淡的意境。

（四）茶香一体

室町时代后期，以三条西实隆为代表的贵族和武家的文人们把有奖竞猜，娱乐形式的猜香、赛香会发展成以唯美文学为主题的组香香会，并在此基础上开创了日本特有的香道文化。同样也是这些人，把原本在宽敞的房间内，以炫耀中国舶来艺术品为目的的茶会，发展成为只挂一页古人书写的和歌片段，只使用日常生活中的日式器具，只在四个榻榻米面积的小房间里举行的草庵茶会。

茶道祖师村田珠光、武野绍鸥也是香道名家，与三条西实隆、志野宗信等交往甚好。武野绍鸥是日本茶道的集大成者千利休的老师。这个时期的茶道典籍中常出现关于香的内容。安土桃山时代著名茶人山上宗二（1544—1590）所著的《山上宗二记》（1588），以及千利休的高徒、茶僧南坊宗启（生卒年不详）所著的《南方录》（1590）等都出现了与品香有关的内容。据记载，武野绍鸥制定了“银叶”的尺寸，可以控制沉香香气的微妙变化。《山上宗二记》特别提到千利休和津田宗及等茶人都曾向建部隆胜请教过名香之事，并赞“名香十种”以及“追加六种”香的香气非常好。可见茶道草创期的茶人也是名副其实的香人。

香道与茶道可以说是一对孪生兄弟，茶中有香，香中有茶。时至今日，日本很多香铺都有与茶有关的香品，如“利休香”等。而茶道中也有非常著名的“志野烧”茶碗、“志野棚”，茶道“七事式”茶席的前后席之间也有用香（香丸）的仪式等。

当然，无论是香道还是茶道，这时都还处于初创阶段，还没有形成固定的仪式和做法。志野宗信的《志野宗信笔记》以及志野宗温所著的《宗温六十一种香名》（均收录于17世纪出版的《香道秘传书》）中都没有出现闻香时的具体做法，只有《山上宗二记》中说：“公家有三条西，武家有志野，此两家是香炉及名香之御家。”在“香灰的押法”一节中，山上宗二明确指出“此是御家三条流”。另外此书中还有“珠光，志野流”这样的内容，说明三条西实隆和志野宗信已经是公认的香道专家，并以这两个人为中心开始出现三条西御家流、志野流之分。

四、香名

平安时代至镰仓时代初期，日本人区分沉香就只是按照中国的分类标准，即沉香和浅香两种，后来中国国内又补充了鹧鸪斑和黄熟香两种形式。北宋时期的丁谓在《天香传》中把沉香分为“四名十二状”。按照沉香的品质品级，可以分为“沉、栈、生结、黄熟”。按其形状又可分为：沉香中有乌文格、黄蜡、牛目、牛角、牛蹄、鸡头、鸡腿、鸡骨八种；栈香有昆仑梅格、虫镂；生结有鹧鸪斑；黄熟有伞竹格、茅叶。由此可见，我国宋代基本上已经把沉香分为沉、栈、生结、黄熟四类，其他都按照沉香的形状和颜色分类。

这一时期，中国文化对日本的影响力减弱，日本开始形成独具本土特色的香文化，为沉香命名就是最具代表性的一个特点。当宋朝人按品

在宮觀密賜新香動以百數（沈乳降真等香）由是私門之沉乳
足用有唐雜記言明皇時異人云醮席中每焚乳香靈
祇皆去人至於今惑之真宗時親稟聖訓沉乳二香所
以奉高天上聖百靈不敢當也無他言上聖即政之六
月授詔罷相分務西洛尋遣海南憂患之中一無塵慮
越惟永晝晴天長霄垂象爐香之趣益增其勤素聞海
南出香至多始命市之於閭里間十無一有假版官裴
鶚者唐宰相晉公中令公之裔孫也土地所宜悉究本

欽定四庫全書 陳氏香譜 卷四 三十

末且曰瓊管之地黎母山酋之四部境域皆枕山麓香
多出此山甲於天下然取之有時售之有主蓋黎人皆
力耕治業不以採香專利閩越海賈惟以餘杭船即市
香每歲冬季黎峒俟此船方入山尋採州人從而賈販盡
歸船商故非時不有也香之類有四曰沉曰棧曰生結
曰黃熟其為狀也十有二沉香得其八焉曰烏文格土
人以木之格其沉香如烏文木之色而澤更取其堅格
是美之至也曰黃蠟其表如蠟少刮削之黳紫相半烏

▶丁谓《天香传》

质、等级、形状、颜色区分沉香的时候，日本人则根据本民族独特的感性认识，结合沉香的香气、颜色、形状、传承、典故，以和歌、物语等古典文学，或名胜古迹的地名、花名、风景名，或日本自古特有的名称，赋予每一块沉香一个特殊的名字，这就是香名，这是中国香文化中所没有的。

日本历史上的香名大致分为三种类型：一是以沉香的来历、传承的寺名、人名、地名来命名，如“法隆寺”“东大寺”“大里”“种子岛”等。二是引用和歌、物语等古典文学中的词语，如“逍遥”“红叶”“枯木”等。三是以沉香制成香品或沉香的颜色命名，如“法华经”“念珠”“黑香”“金伽罗”等。

香名是时代的产物。室町时代是日宋贸易以及日本同南亚地区的海上贸易非常频繁的时期，沉香等各种香料的进口量逐年增大，为了便于区分和保管，用香之人便根据每块沉香的特点给沉香命名。另外，以三条西实隆为首的上流社会盛行“十炷香”“炷继香”“炷香合”等一次使用多种沉香的香会。宋朝的分类标准不适用于这种香会，为了区别每一种沉香的香气特点，日本的香人们便以香气的特点给沉香命名。

书信文集《异制庭训往来》（镰仓末期或室町初期的南北朝时期）中也有一部分关于香的记载：

本朝天平年中从百济国始贡献之。自此以降，代代御门玩之，家家豪奢赏之，其名虽多，伽罗木、妒伽罗、宇治、鸟羽、山阴此为甲科（香料）也。此外，叶山、深山、奥山、富士峰、武藏野、梅花、橘花、野

▲泉山御流沉香香木

菊、水蓼、偷春格、薄云、薄雾、薄雪、薄霞、女郎花及胄皮、茶烟、龙涎、白檀、薰陆、八精等，各争其美，各驰其誉……

以上二十六种香可以分为两种类型，一种是香材和香料名称，如“伽罗木”“龙涎”“白檀”“薰陆”；另一种诸如“宇治”“鸟羽”“山阴”“叶山”“深山”“奥山”“富士峰”……都是带有文学色彩的香名。只有品质非常高的名贵沉香才被赋予香名。拥有香名的沉香就是名副其实的“名香”（也写成“铭香”）。

《游学往来》（北畠玄慧，？—1350）的成书时期与《异制庭训往来》基本上相同，书中列举了四十种香名，与《异制庭训往来》中的香名基本相同。

传说之名香，不时可见。伽罗木、妒伽罗、忠春容、宇治、鸟羽、山阴、奥山、初时雨、叶山、深山、松风、富士峰、忉利、罗汉木、橘花、栴拂花、伊势海、疏竹、寒草、老梅、梅花、栴薰远、水蓼、蓼花、山蓼、糸薄、野菊、山菊、朝霞、薄霞、薄云、武蔵野、异波、茶菀、合香、龙涎、白檀、薰陆香、八煎、紫云等，希少之至，因而难以得到。现献上。另，新运进之名香尚未闻其名。待请教通晓古籍之人，再据以详禀。

《尺素往来》是室町时代后期的一本书信集，"尺素"即书信的意思。作者以往来书信的形式介绍了一年之中的节日及日常生活礼节，据说是当时的古典文学专家一条兼良（1402—1481）的作品。此书分为上、下两卷，在有关香木的部分举出了二十五种香名——

宇治、药殿、山阴、沼水、无名、名越、林钟、初秋、神乐、逍遥、手枕、中白、端黑、早梅、疏柳、岸桃、江桂、苅萱、菖蒲、艾、忍、富士根、香粉风、兰麝袋、伽罗木等。纵虽兜楼，婆毕力伽及海岸之六铢淮仙之百和不可胜于此候。所持之分不论新旧可颁赐之候。合香者起从佛在世，而三国一同用之候。殊好色之家是号薰物深秘其方欤。沈香、丁子、贝香、薰陆、白檀、麝香以上六种者每方捣篌和合。加檐唐而名梅花，加郁金而名花橘，加甘松而名荷叶，加藿香而名菊花，加零陵而名侍从，加乳香而名黑方，皆是发旃檀、沉水之气，吐麝脐、龙涎之熏者也。

据史学家分析《尺素往来》是引用了室町初期《新札往来》的内容，那么我们来看看《新札往来》中的相关内容。

新渡名香可拜领候。庭梅、岸松、香粉风、初秋、神乐、新无名、蓬、菖蒲、林钟、鸭鸣、河淀、夏箕川此等者既不珍候。近顷三吉野、逍遥、沼水等赏玩之由闻候，可申请候。山阴、疏柳、六月、名越、清水、一二三、称文字、五文字、药殿、手枕、江桂红、阿之船、兰奢待、伽罗木、御枕、端黑等宇治方香者当世之嫌物候欤。

的确，两本书中都有相同的香名，即“宇治”“药殿”“山阴”“沼水”“无名”“名越”“林钟”“初秋”“神乐”“逍遥”“手枕”“端黑”“疏柳”“江桂”“菖蒲”“艾（蓬）”“香粉风”“兰奢待（袋）”“伽罗木”。

室町时代以后出现了一种新的香名——“敕铭香”，由天皇、法皇（退位的天皇）、皇后命名。特别是江户幕府创建初期的庆长年间（1596—1615），随着海上贸易的发展，大量沉香进口日本，其中最上等的沉香均被幕府收购，其余的沉香则被地方“大名”或富商收购。有些质量很高的沉香作为馈赠佳品，上贡皇族或赠予著名香人，由他们鉴别后为沉香命名。获得天皇命名的“敕铭香”，以及著名香人命名的沉香都是传家宝，世世代代传承下去。历代天皇中，后阳成天皇（1571—1617）、后水尾天皇（1596—1680）、后西天皇（1638—1685）、灵元天皇（1654—1732）、东山天皇（1675—1710）、中御门天皇（1702—1737）、樱町天皇（1720—1750）等都有亲自命名的“敕铭香”，其中后水尾天皇的最多，达九十多种。

◆“一木三铭”

日本有一块非常名贵的沉香拥有三个香名，被称为“一木三铭”。

安土桃山时代，志野流著名香人细川幽斋的长子细川忠兴（1563—1646）曾于1624年派两个家臣前往九州长崎购买上等沉香。两个家臣与仙台的伊达家派来的人看上了同一块稀世沉香。这块沉香分为两块，一块是主干部分，一块是枝干部分。双方都看上了主干部分，互不相让，导致这块沉香的价格越来越高。细川的一个家臣认为沉香不过是一玩物，不值得花如此高价购买，不如让给伊达家，把枝干部分买回去复命。然而另一位家臣却一定要遵照主人的命令不肯让步。两人在激烈的争执中，坚持购买主干部分的家臣不慎失手杀死了同伴。最后，那位忠于职守的家臣终于以高价买回沉香复命。细川赏赐了这位家臣，并安抚了被杀死的家臣的家属。

细川忠兴发现这块高价购得的沉香果然非常神奇，每次品闻时都感觉像报春的杜鹃鸟的第一声啼鸣，于是将此块香木命名为“初音”，并作短歌一首，“每闻珍品似杜鹃，常如初音在心间”。1626年，细川忠兴把这块稀世沉香进献给了天皇。天皇闻过之后，也作短歌一首，“谁言清香有同类，迎冬秋去白菊花”，并命名为“白菊”。伊达家得到的那块枝干部分被伊达政宗命名为“紫舟”，现在由爱媛县宇和岛市的伊达文化保存会收藏。伊达政宗为这块沉香所作的短歌是“浮生辛苦紫舟乘，焚前知否满清香”。皇宫里的那块“白菊”因为香气与泽兰（日语为“藤袴”）相似，后来的天皇又命名为“藤袴（兰）”，短歌为“清香似藤袴，容色胜千种”。

这就是“一木三铭”（也称“一木四铭”）的来历，一块具有传奇色彩的名贵沉香。

五、名香

被赋予雅名的名贵沉香即为名香，也写成“铭香”。古今许多与香道有关的书籍中都把世间公认的名香列入“名香目录”中。除了前面介绍的北畠玄慧的《游学往来》、虎关禅师的《异制庭训往来》以及一条兼良的《尺素往来》以外，还有佐佐木導誉收集的一百八十种名香，三条西实隆在《雪月花集》中列出了五十种名香。志野流的传承资料有志野宗信整理的《六十一种名香》。另外还有玩隐永雄的《名香目录》(1601)，兰庵谷玄同的《类聚香立之记》(1716—1735)，大枝流芳的《香木达味考》(1736—1740)，江田世恭的《香名总论》《名香分类目录》《古香征说别集》(1751—1771)等。还有蜂谷贞晴传授的《增补名香录》(1830—1844)等。

▶古代名香

（图片来源：日文版图书《香的文化》）

佐佐木導誉的一百八十种（实际是一百七十七种，簪、薄、送月出现了两次）名香如下：

名越、官一、青山、朝雾、簪、晌、龙、矶山、薄红叶、梅风、忍、薄、泽山路、秋风、理、房主、弄薌、陆河、宰府、前无名、岩枕、芙蓉、寒山、春浜、夕楼、远矢、晓露、远景、寒草、林月、秋波、雪江、洞庭、林钟、枕、竹马、筱目、溪竹、菖蒲、河溪、芳村、竹叶、吐月、小雪、桂岚、风絮乐、庭樱、早苗、薄、白浪、晚花、漏月、秋风、红叶、盐路、老梅、露菊、名越、寒梅、六月、云抄、柳花、春宵、霜夜、雪中、春钟、笼江、踏花、薄水、岭松、早梅、杜若、秋草、春水、海棠、深山路、初音、羽衣、长安月、端午、鹚首、雨夜、节柴、浜湫、御船山、葵、春草、私语、冬松、清水、藤花、寝觉、龙头、花阴、夏蕙、尾上、鹿岛、送月、夕月夜、簪、丹枫、暗香、唐绢、皇合、鹈川、江柳、花林、松雪、稻筵、万代、古乡、曙、埋木、清风、林雪、林叶、海月、山风、木下、村雨、花水、鸟羽田、凤毛、秋芝、夏箕河、宫梅、若松、春兰、一声、晓月、斜月、小田守、花径、轩梅、春游、岸松、冬恋、腊雪、映雪、五节、松风、秋山、秋莲、铃鹿、红梅、仙风、残雪、五更、女郎花、朝明、送月、现桃、林鹤、伽罗、新三芳野、玉章、夕暮、石带、宇治、言计、窗梅、松桑、荒增、三冬、片糸、樱、手、桂林、庭、兰奢待、林下、山樱、阴柳、白云、真木之户、花雪、寒月、山下风、法华经、一文字。

三条西实隆《雪月花集》中的五十种名香如下：

神乐、立舞袖、榊、袍、林下、上马、薄红叶、山阴、人、镜、早梅、楚弓、笛、般若、乌角木、千鸟、二叶、白鹭、翁、林钟、总角、立田、黛、斜月、似、芙蓉、金伽罗、面影、苅萱、名越、杜若、端黑、下菊、雪、奈良芝、螺旋、须磨、明石、麒麟、孔雀、蓬、中川、足垣、胧、火串、新枕、移香、中川(别)、小丝、都。

志野宗信的六十一种名香如下:

兰奢待、鹧鸪斑、花宴、夕时雨、东大寺、杨贵妃、花雪、手枕、逍遥、青梅、明月、晨明、三芳野、飞梅、贺、云井、红尘、种子岛、兰子、红、枯木、澪标、卓、初濑、中川、月、橘、寒梅、法华经、龙田、花散里、二叶、芦橘、红叶贺、丹霞、早梅、八桥、斜月、花形见、霜夜、园城寺、白梅、明石、寝觉、似、千鸟、须磨、七夕、富士烟、法华、上薰、筱目、菖蒲、蜡梅、十五夜、薄红、般若、八重垣、邻家、薄云、上马。

室町时代末期的1573年，志野流的著名香人建部隆胜在送给香友的香道心得《香之记》中列举并详细介绍了六十一种名香:

法隆寺、东大寺(兰奢待)、逍遥、三芳野、红尘、枯木、中川、法华经、花橘、八桥、园城寺、似、不二烟、菖蒲、般若、鹧鸪斑、青梅、杨贵妃、飞梅、种岛、澪标、月、龙田、红叶之贺、斜月、白梅、千鸟、法华、蜡梅、八重垣、花之宴、花之雪、名月、贺、兰子、卓、橘、花散里、丹霞、花形见、上薰、须磨、明石、十五夜、邻家、夕时雨、手枕、有明、云井、红、泊濑、寒梅、二叶、早梅、霜夜、七夕、寝觉、东云、薄红、薄云、上马。

▲香会上"点香"

建部隆胜的六十一种名香与志野宗信的名香大同小异。根据志野宗温的《参雨斋香之记》等香道史籍记载，日本香道界一致认为建部隆胜是首次整理出六十一种名香的人。后来的志野流传人对六十一种名香的保存与传承是功不可没的。江户时代初期，德川将军家族决定把幕府所有的六十一种名香分成数份，按照等级分配给各地的大名保存。当时负责六十一种名香香木鉴定的就是志野流传人。所以，江户时期各地主要大名都拥有一份完整的六十一种名香。近卫家族是日本历史上的名门贵族，他们家族也保存了一套完整的六十一种名香，是所有日本国内现存的六十一种名香中保存状态最好的。现在这套六十一种名香保存在"阳明文库"（近卫家祖传文物资料库）中。据说每一块香木的香名写法、包装纸的折叠方法、香木的盒子、摆放顺序等都有详细规定，稍有变化立刻就能发现。正是因为如此细致的管理，这套六十一种名香才以最完美的状态保存至今。

据说现在学习香道的日本人都能一口气说出这六十一种名香的名称。这是因为江户时代的香人们为了便于记忆，专门创作了含有六十一种香名的记忆方法，名叫“六十一种名香文字锁”，以脍炙人口的“五、七、五”的俳句形式，帮助人们轻松地记住名香的香名。

另外，日本古典歌舞剧“能”剧中有一个“名香”的“谣曲”（即剧本），就是按照一定的节拍报出“六十一种名香”的香名，这也是一种非常容易的记忆方式，可见当时的人们对“六十一种名香”怀有特殊的感情。

安土桃山时代（1573—1603）

——流派传承的时代

安土桃山时代是织田信长与丰臣秀吉（1537—1598）称霸日本的时代，史学界就以织田信长建造的安土城（今滋贺县）和丰臣秀吉建造的伏见城（今京都伏见地区，又称“桃山城”）为名。这个时代，城市里富裕的工商阶层逐渐发展壮大，出现了追求豪华奢侈的文化倾向。织田信长的统治政策大大削弱了佛教的势力，使得佛教对日本文化的影响大不如古代，因此以佛教为主题的文化艺术活动明显减少，而体现人性本身的世俗性与现实性的文化艺术开始盛行。

这个时期，国家政权和社会财富主要掌握在武将及富商手里。茶道、花道、能剧等文化艺术在武将和富商的大力支持下得到飞跃性的发展。尤其是茶道方面，千利休提倡禅法，重视“和敬清寂、茶禅一味”的精神，主张“侘茶”，即空寂幽玄的草庵茶。在千利休的茶道中，插花和焚香是必不可少的。

◀影视作品中的织田信长形象

一、织田信长掰取“兰奢待”

1568年，织田信长打败了敌对势力之后，进驻京都，拥立足利义昭（1537—1597）为室町幕府第十五代将军。1573年，织田信长与足利义昭之间产生对立，织田信长便找个理由把足利义昭逐出京都，结束了室町幕府二百三十多年的统治。

1574年3月23日，织田信长派遣部下前往奈良东大寺，要求打开正仓院，鉴赏名香“兰奢待”。织田信长的真实目的，路人皆知，他并不是为了品闻名香，而是要借此显示自己的威力，以震慑天下。3月27日，织田信长在众家将的陪同下到达奈良，下榻多门山城。28日，织田信长的亲信前往东大寺，在寺内众僧的陪同下打开了正仓院的仓库。据当时东大寺僧侣净实记录，“在中仓内的一个大柜子里找到了香木。香木是放在一个金属钵上，长约四尺”。这块日本历史上的名香，继足利义政割取之后，时隔一百零九年，又一次展现在世人面前，当时在场的所有人无不为亲眼看到名香而感慨。随后，“兰奢待”与大柜子中的大鹿角一起被运送到织田信长住宿的多门山城。

进入多门山城后，武士们把装着“兰奢待”的大柜子放在织田信长的房间正中央。织田信长仔细鉴赏之后，立刻要求割取一块。东大寺护送香木的僧侣没有想到他要割取香木，声称没有带切割沉香的专用锯子。织田信长立刻叫来修造山城的木匠，在众目睽睽之下，用锯木头的锯子割取沉香。这块沉香非常坚硬，工匠的锯子无法锯动，性急的织田信长冲上去就用手从中空的部分使劲掰，终于取下了两小块“兰奢待”，每块大约一寸四大小。原木“兰奢待”由众僧护送回正仓院。

第二天，织田信长又派人去东大寺，要求看另外一块全浅香（也称“红沉”）。寺院的僧侣在北仓中找到了一块长四尺、宽一尺的香木沉香，又送到了多门山城。然而织田信长只是欣赏了这块沉香，就派人还给了东大寺。他觉得幕府将军也只割取了“兰奢待”，没有动这块全浅香，所以就放弃了截取的念头。数日之后，织田信长又亲自前往正仓院，视察了仓库内部的情况，参拜大佛后离开了奈良。返回京都的途中，织田信长命令部下转告东大寺，全浅香“红沉”也是名香，最好和“兰奢待”放在一起保存。

织田信长凭借武力，毫无忌惮地打开正仓院，截取名香“兰奢待”之事，对于东大寺来说是一件惊天动地的大事件，前前后后着实让东大寺的上上下下伤透了脑筋。负责僧侣净实在日记中写道：“前前后后张罗此事，一直是担惊受怕，我终于明白了什么是‘一夜生白发’。”织田信长掰取了两块“兰奢待”后，把其中的一块进献给了天皇，另一块则留着自己用。

织田信长手下的武将太田牛一（1527—1613）以及堺市豪商山上宗二（茶人）也都参加了此次开仓截香。他们都曾记载过此事，对他们来说能亲眼看到这块带有传奇色彩的名香，不仅是一种幸运，更是一种荣誉。即使是幕府将军，也不可能轻易见到。“兰奢待”毕竟是皇家的象征。自织田信长掰取了“兰奢待”之后，名香“兰奢待”就更加有名了。

1574年4月3日，织田信长在京都相国寺举办茶会，邀请千宗易（利休）和津田宗及等人参加，并在茶会上把两小包“兰奢待”分别放在贴有金箔的折扇上送给两人，因为千利休有一个天下无双的“珠光香炉”，而津田宗及有一个名震四海的“不破香炉”。津田宗及无法掩饰获得“兰奢待”时的激动与骄傲，在日记中自豪地说：“其他在场的堺市人都没有得到。”后来，津田宗及在一个满天飞雪的冬日突然造访千利休，千利休毫不吝惜地在待客茶席上用了那块“兰奢待”。可见二人是肝胆相照、相敬如宾的君子之交。

织田信长掰取“兰奢待”的事件在宫中也引起了轩然大波，正亲町天皇（1517—1593）虽然收到了织田信长进献的一块“兰奢待”，但是依然无法掩饰内心的悲哀。正亲町天皇后来赏赐了前任宰相九条稙通（1507—1594）一小块，特使劝修寺晴右（1544—1603）因护送这块“兰奢待”到九条家，同时也得到了一小块。劝修寺晴右视这一小块“兰奢待”为镇宅之宝，后来传于其子劝修寺晴丰。劝修寺晴丰在父亲去世后不久就把这块“兰奢待”寄赠给了京都的皇家寺院泉涌寺。

爱知县境内的真清田神社有一份“兰奢待”的收藏记录。织田信长曾分给手下将领村井贞胜（？—1582）一块“兰奢待”，村井贞胜又分给关小五郎（关长安）一小块。可是关小五郎觉得自家不洁，不敢在家中保存如此神圣之物，就供奉在真清田神社。遗憾的是这块“兰奢待”后来去向不明，只留有收藏记录和一个空盒子。织田信长掰取的“兰奢待”就这样在武士和贵族间不断地被分割、被收藏，“兰奢待”也因此而更加有名、更加珍贵了。

二、丰臣秀吉统治时期

战国时期的霸主织田信长在即将统一大业之际遭遇“本能寺之变”，壮志未酬身先死。织田信长的手下名将丰臣秀吉击败了“本能寺之变”的叛将明智光秀（1528—1582）之后，又打败了织田信长的重臣柴田胜家（1522—1583），一举成为织田信长的继承者，完成了天下统一的大业。

九州南部地区与琉球有贸易往来，通过琉球进口了大量香木。据当时九州南部都督的日记记载，当时在各种地方都可以见到武士们品闻沉香的情景。

战国时期江户初期的公卿山科言经（1543—1611）在日记中提到京都市内的药店里出售各种香药，人们用沉香做中药；另外，他还记载了一些有关调制“薰物”的内容，堺市进口沉香、人们频繁互赠沉香等事情。

当时，宫中的后阳成天皇经常亲自调制薰香，制作香囊，并赏赐给武将和大臣。宫中经常举办香会，皇亲贵族以及各地大名都曾参加。香会上使用了各种各样、各种级别的香。据当时的基督教传教士记载：“日本寺院用沉香，人们常互赠伽罗（奇楠）或沉香。焚香的方式也与欧洲不同。欧洲人把安息香直接投入火中，而日本人则在热灰上置一张薄薄的银片，然后在上面放上两三粒麦粒大小的香木。”日本人极其纤细的焚香、闻香方式让欧洲人感到非常惊异。日本也形象地称品闻的沉香为“马尾蚊足”。

与织田信长相比，丰臣秀吉与香的史料比较少，但还是可以找到一些。据上述的传教士记载，他到大阪觐见丰臣秀吉时曾献上各种珍宝，丰臣秀吉只对两个又大又粗的印度产香木感兴趣，而且作为一种炫耀，长时

▲织田信长、丰臣秀吉与德川家康人偶

间摆设在自己的房间里。

另外，九州地区的富豪曾向丰臣秀吉进献了虎皮、豹皮和一斤沉香。1588年，丰臣秀吉向后阳成天皇进献了一百斤沉香。据说沉香放在五尺见方的台子上，以红绳结网覆盖，由六人抬着送来。丰臣秀吉能收集到如此之多的香木，说明当时日本香木进口量之多。

1589年，丰臣秀吉打算前往奈良。奈良上下风传丰臣秀吉要割取“兰奢待”，东大寺更是心惊胆战忙于收拾打扫，准备接待。谁知丰臣秀吉并没有前往东大寺，而是直接去了郡山。后来又风传丰臣秀吉要去奈良，东大寺和奈良市民又一次感到恐慌。可见织田信长强行掰取“兰奢待”的事件让奈良和东大寺记忆犹新，已成为一种严重的后遗症。丰臣秀吉统治时期不断有人给他进献香木，宫中也曾多次赏赐“薰物”，但是他似乎只关心茶事，对品香没有太大的兴趣。

江户时代（1603—1867）

——香道兴盛的时代

1603年，在长期战乱中获得霸权地位的德川家康强迫朝廷封他为征夷大将军，并在江户（今东京）建立幕府，开始了长达二百六十四年的德川家族的统治，历史上称这一时期为“江户时代”。

江户时代，日本国内统一、政治稳定、经济发达、工商业兴起、教育广泛普及且水平颇高。以程朱理学为代表的中国儒学在12世纪传入日本，这个时期逐渐受到统治阶层的重视。西方文化思想也开始进入日本文化领域，形成了一个融汉学、和学、西学的复合型文化结构。江户时代也是一个大众文化繁荣发展的时代，以俳句、世情小说为代表的文学，以浮世绘为代表的绘画艺术，以及以“人形净琉璃”“歌舞伎”为代表的戏剧舞台艺术等都得到了极大发展，标志着日本民族文化已经成熟，香道也进入历史上最繁荣的兴盛时期。

一、皇室热衷香道

据米川流创始人米川常白记载，米川曾入宫给后水尾天皇以及皇后东福门院（1607—1678）指导过香道。后水尾天皇非常喜欢品香，是日本历史上给香木命名最多的天皇。皇后东福门院是江户幕府第二代将军德川秀忠（1579—1632）的第五个女儿，原名和子。和子嫁入宫中后，与后水尾天皇一起热衷于研究香道。这位皇后也是一位香道名人，精通香木的种类和鉴赏，还亲自创作了一些组香，并对香有一定的研究。据说在东福门院的要求下，江户幕府把源赖政流传下来的一块“兰奢待”进献给了朝廷，可以说皇室推动了香道的发展。今天的日本皇室也非常注重香道的学习，把香道作为一种学习文化、提高修养的教育方式。泉山御流作为皇家香道流派，也存有“兰奢待”，并有从古代流传下来的御用香道具。

二、将军南亚寻香

江户时代，由于海上贸易的发达，日本香木进口量大幅度增加。当时日本市场上有安南国（今越南北部）进献的香木，有葡萄牙、荷兰、西班牙和英国商船输入的沉香、奇楠，还有日本的外贸船——“朱印船”（即持有国家政府发行供海外航行使用的朱印状的商船）直接去东南亚各国购买的上乘香木。

德川幕府的第一代将军德川家康本人非常喜爱沉香，热衷于收集各种名香，特别是沉香中的极品——奇楠香（也写成“棋楠”，就是伽罗。日本伽罗与今日中国国内所认知的奇楠略有不同）。1606年，德川家康曾致信东南亚产香各国，请求帮忙寻找上好的奇楠香。其中在一封给占城（今越南南部）国王的信中说：“今日在日本获得中低档的沉香不是很困难，但是沉香中的极品棋楠香却很难得到，希望占城能够帮忙。”1609年，德川家康通过长崎的地方行政长官从占城购买了一百斤奇楠，价格相当昂贵，约白银二十贯（一贯相当于三点七五公斤）。德川家康除了自己享用以外，还把一些香木作为礼物赠送给宫廷贵族或赏赐给部下。

德川家康对“天下第一香”的“兰奢待”也非常感兴趣。1597年，贵族公卿山科言经将两块祖传的“兰奢待”献给了德川家康。山科言经在日

▲德川家康像

记里写道：这两块“兰奢待”分别是后奈良天皇和正亲町天皇赏赐给山科家族的，因为德川家康表示很感兴趣，为了讨好德川家康，山科言经就把祖传的名香献给了他。

1602年，德川家康派人前往奈良东大寺，视察正仓院，准备对老朽的仓库进行修缮。奈良上下风传德川家康要截取“兰奢待”。可是德川家康的特使在朝廷公卿的陪同下，打开正仓院的仓库，确认了“兰奢待”后就离开了。正仓院的正式史料中也没有德川家康截取“兰奢待”的记录。有人猜测德川家康害怕割取“兰奢待”会折寿；也有人说德川家康并不像织田信长那样大张旗鼓地明抢，而是派特使偷偷地割了一块；还有一些人非常肯定地说足利将军、织田信长都割取过，喜爱名香的德川家康肯定不会无动于衷。德川幕府的官方史料《德川实纪》中没有德川

▲菊折枝莳绘十种香箱 （图片来源：日文版图书《香的文化》）

家康割取“兰奢待”的记录，只记载了德川家康确认了正仓院的现状后，于1603年派人修缮了仓库，并以个人名义捐赠了三十二个大柜子，声明德川家康是正仓院的保护者。

德川家康不仅热衷于收集沉香，还亲自调制熏香，并将自己的熏香配方记录下来。从他的熏香调制记录来看，德川家康精通各类香药的特性，熟知熏香的调制方法，并在古代熏香的基础上开发出自己的独特配方。“伽罗油”的配方与调制方法就是一个例子。“伽罗油”也就是奇楠香油，江户时代，日本市场上开始出现一种瓶装的所谓“奇楠油”，其实里面并不含奇楠香。德川家康调制“伽罗油”时，用“蜡半斤，油十两，伽罗三两，沉三两，丁五两，甘松二两，白檀二两，肉桂五两，郁金二两”，他不仅使用真正的奇楠，还添加了其他各类香料，是名副其实的高级奇楠香油。

据明代万历四十六年（1618）张燮的《东西洋考》记载，交趾（即越南）物产中真正的奇楠油非常难得，人们多粉碎奇楠香木，以蜡熬制而成。据史料记载，1602年，安南国曾向德川家康进献过奇楠和奇楠香油。与之相比，德川家康的奇楠香油原料丰富，制法考究，更具备独创性。当然，这种独创性与德川家康拥有大量的多种香木是分不开的。德川家康在统一天下之后，将尾张（今名古屋）、纪州（今和歌山县）和水户（今茨城县）三块领地分给了最疼爱的九子德川义直、十子德川赖宣和十一子德川赖房，并明确表示江户的嫡传宗家如果没有子嗣继承幕府将军，就从这三家中挑选子嗣继承。后来，人们就称这三家德川为“御三家”。

德川家康死后，财产也分为三份，分别由这三家继承，其中就包括大量各种高级香木、香炉等香道用具。据史料记载，仅尾张家就分得了包括奇楠香在内的八十八贯七百六十五钱香木。其他两家没有留下具体的资料，应该与尾张家分得的数量相差不多。由此可以想象德川家康生前拥有的香木数量之多。

尾张家继承的德川家康的遗物以及其他收藏品现在都收藏于名古屋的德川美术馆内。这些藏品中仅香木就有一千多块。而且更让人惊叹不已的是，这些香木几乎包括所有的天下名香，仅“兰奢待”就有三块。无论是质量还是数量，都是让人叹为观止的收藏。前面提到爱知县真清田神社内供奉着一块织田信长传承的“兰奢待”，据说只有火柴头大小（现已

失传）。尾张家的“兰奢待”有四厘米大小，而且不止一块，一共有三块。另外，还藏有十七块“一木四铭”的稀世名香，其中“白菊”四块、“初音”六块、“紫舟”五块、“藤袴（兰）”两块。可见德川家族收藏的实力。德川美术馆内还收藏有一套国宝级的香道用具，是德川幕府第三代将军德川家光给长女千代姬（嫁德川光友）定制的嫁妆。江户时代有钱有势的地方领主在嫁女儿时都要在嫁妆里准备一套精美的香道和茶道用具。这套被称为“初音调度”的嫁妆代表了江户时代手工艺的最高水平。

三、民众积极参与

香道自形成以来就是上流社会的文化，不是平民百姓可以随意享受的。因为日本所有的香木都是从国外进口，只有那些有权、有钱的人才能享用贵重的香木。香道用具也以精致的舶来品为最，即使是日本国产的香道用具，也多是豪华精美的螺钿描金漆制品。现存的许多香道道具上都刻画有“家纹”。“家纹”就是彰显门第出身的家徽，只有贵族和武士才有。当时的贵族和武士给出嫁女儿准备嫁妆的时候，必须定制一套与身份地位相称的香道具。于是就出现了《婚礼道具诸器形寸法书》（冈田玉山，1812年卒）这样的形制标准。

江户时代的香道不再专属于上流社会，不再只是贵族、僧侣、武士们的爱好，而是作为一种文化修养受到下层社会的重视。从此，闻香人口急剧增加，香文化广泛普及开来。空华庵忍恺所著的《香会余谈》（1746）中指出，江户时代的“享保年间，各地下贱人等都开始玩香……当时社会上就连商人、手工业者、农民都玩香……听说社会上有自称香道老师的人来往于首都和地方之间，传授指南”。据记载，当时志野流曾派人指导普通工商业者、农民等学习闻香，使香道从上流社会的玩赏之物变成庶民百姓也能接受的艺术。

江户时期以平民子弟为对象的初等教育机关“寺子屋”发行的女性专用教科书中就有很多关于香道的内容。如《女重宝记》的“诸艺卷”中非常详细地介绍了香道的操作程序、香道用具、参加香会的注意事项、十炷香的内容、挂香（室内熏香用的挂饰）和“熏香”的配方及调制方法等。其中有些内容非常专业，即使是当代学习香道的人也不一定能做得到。当然，这些内容并非出于让所有女性精通香道的目的，而是为了让女性了解最基础的知识，就像料理、裁剪、茶道一样，是女性应该具备的修养之一。甚至生活在社会底层的艺伎们也把通晓香道作为一门技艺。这在井原西鹤（1642—1693）的市井小说以及风俗画“浮世绘”中都有大量体现。

四、建立传承体系

安土桃山时代的著名茶人山上宗二在《山上宗二记》中记载，室町末期，贵族们跟着三条西实隆、武士们跟着志野宗信学习香道。

（一）御家流

三条西实隆开创的香道体系实际上是贵族艺术文化的一部分。平安时期是贵族文化艺术的鼎盛时期，有许多灿烂的文化艺术被名门贵族作为祖传家业继承下来。例如，“蹴鞠”一直由飞鸟井和难波家族传承，“弹筝”是四辻家族的家业，“弹琵琶”则是西园寺家族的传统。然而以创作和歌的“歌道”以及焚香品香的“香道”却没有明确规定负责传承的家族，这是因为“歌道”和“香道”是每一个贵族必须具备的最起码的艺术修养。

以三条西实隆为代表的香道起初并没有称为“御家流”，也没有实行以“家元”（掌门人）为中心的统领流派的传承制度，而是采取了“完全相传制”，也就是“皆传”制度，即老师从弟子当中挑选合适的人选，将流派传承下来的所有知识礼法，包括自己长年积累的技术经验全部传授给他，由这位弟子传承下去。这种传承方式可以只传给一名成绩优异的弟子，也可以传给多名优秀学生，所以在传承的过程中会支出多个流派、支系。

三条西实隆的香道一直到第十代都由高级贵族传承，从第十一代猿岛带刀（即猿岛家胤，生卒年不详）开始，在中下级的贵族以及一般文人中传播开来。

御家流历代家元

	姓　名	雅　号	生　卒
第一代	三条西实隆	逍遥院、尧空	1455—1537
第二代	油小路隆继		？—1535
第三代	三条西公条	称名院	1487—1563
第四代	三条西实枝	三光院	1511—1579
第五代	三条西公国	圆智院	1556—1588
第六代	三条西实条	香云院	1575—1640
第七代	乌丸光广	腐木	1579—1638
第八代	油小路隆基		？—1656
第九代	乌丸资庆		1622—1670
第十代	油小路隆贞		1622—1699
第十一代	猿岛家胤	带刀	不详
第十二代	大口含翠	如心轩	？—1764
第十三代	大枝流芳	脩然庵、岩田信安	不详
第十四代	大口保由	樵翁	1689—1764
第十五代	浜岛如恒	元邦	不详
第十六代	饭田政宣	润治	不详
第十七代	伊與田胜由	宗茂	不详
第十八代	细谷久茂	一元斋	不详
第十九代	细谷松茂	为春斋	1828—1899
第二十代	都筑成幸	宗穆	不详
第二十一代	都筑幸哉	木春居	1875—1946
第二十二代	一色梨乡	漏尽庵	不详
第二十三代	三条西公正	尧山	1901—1984
第二十四代	三条西实谦	尧乌	1929—1997
第二十五代	三条西公彦	尧水	不详

（二）志野流

武士香道流派——志野流在志野宗信开创之后，由志野宗温、志野省巴继承，后来在志野流香道高人建部隆胜的推荐下，传于蜂谷宗悟（？—1584）。志野流从第八代蜂谷宗荣（？—1728）开始实行家元制度。江户末期，总部从京都迁到名古屋。

志野流历代家元

	姓　名	雅　号	生　卒
第一代	志野宗信	松隐轩	1443—1523
第二代	志野宗温	参雨斋	1477—1557
第三代	志野省巴	不寒斋	？—1571
第四代	蜂谷宗悟	休斋	？—1584
第五代	蜂谷宗因	一任斋	？—1607
第六代	蜂谷宗富	桂山	？—1660
第七代	蜂谷宗清		？—1688
第八代	蜂谷宗荣	阳山	？—1728
第九代	蜂谷宗先	葆光斋	1693—1739
第十代	蜂谷胜次郎		1722—1748
第十一代	蜂谷胜次郎丰光		1727—1764
第十二代	蜂谷式部		不详
第十三代	蜂谷丰允		？—1812
第十四代	蜂谷多仲贞重	常足庵	1759—1826
第十五代	蜂谷宗意	信好斋	1803—1881
第十六代	蜂谷宗敬	好古斋	1837—1890
第十七代	蜂谷百枝	桂香庵	1834—1907
第十八代	蜂谷宗致	顽鲁庵	1874—1931
第十九代	蜂谷宗由	幽求斋	1902—1988
第二十代	蜂谷宗玄	幽光斋	1939—

（三）米川流

米川流的创始人就是著名的米川常白（1611—1676），曾跟随志野流的建部隆胜、坂内宗拾（生卒年不详）、芳长老（兰秀等芳，生卒年不详）等学习香道，尤其在香木辨别方面得到芳长老的指教。米川常白原本是为宫中提供胭脂红的商人，因经常进出宫中，有机会接触宫廷用香形式。后来深得后水尾天皇的皇后东福门院的信任，指导皇后学香并回答天皇和皇后的香道问题。著有《女御御问书米川常白答书》《米川常白香道秘传抄》《六国列香之辨》。据说他一生中参加无数次香会，从没有猜错。因为受到天皇和皇后的信赖，所以受到各地方领主的追捧。他在炭火、炉灰、仪式礼节方面的造诣对志野流都产生过很大影响。米川常白的香道由第二代米川助之进一秀（米川常白的外甥，生卒年不详）、第三代米川玄察（米川助之进的弟弟，生卒年不详）传承至第四代米川一敬（米川玄察之孙）之后，因为没有子嗣继承而失传了。

据说历史上还有相阿弥流、建部流、风早流、圆流等其他香道流派，但是没有可靠史料，也没有传承系谱。相阿弥是将军足利义政的近侍，通晓绘画书法、书画鉴定、室内装饰、庭院设计，与志野宗信相交甚好，也是一名香人。建部隆胜虽是一名武将，却是志野流内部德高望重、造诣极深的香人，形成自己的流派也是极有可能的。风早实种出身于贵族，曾担任宫中香木管理部门的负责人；圆流创始人圆氏也是名门贵族，这两种流派可能属于御家流的分支。

五、组香形式完善

现代日本香道的最基本形式——“组香”是在江户时代完全确立并大量增加的。在此之前的玩香形式多以“香合”“炷继香”“十种（炷）香”为主。

“组香”，顾名思义就是使用两种以上的香木，围绕着一个主题，用沉香的香气来表现古典文学作品或四季风景的意境等。每组组香都有一定的规则，按照规则猜香。参加组香的人必须了解各种沉香的香型，还必须具备一定的古典文学修养。江户时代出现了大量的各种各样的“组香”，详细内容请参考本书第三章“组香”部分。

六、“六国五味”确立

组香种类的不断增加以及形式的复杂化，促使人们对沉香的了解逐渐深入。为了区分各种沉香品质的优劣高下、辨别各种香型的异同，沉香的品质与香气被划分得更加精细，于是就出现了以产区和香气作为判断标准的分类方法，即“六国五味”。

“六国”也称“木所”，是沉香的分类，最早出现于16世纪初期，是指沉香的出产国或最初装运出口的港口名称。开始只有“四国”，17世纪初期才形成了“六国”。可是单凭沉香产区无法描述沉香的特点，于是就出现了以香气为标准的分类方法——“五味”。“六国”与“五味”结合起来，就可以从品质和香气两个方面准确把握每块沉香的特色，提高在组香中辨别沉香异同的可能性。“六国五味”是因组香的发展而产生的，

薫物合（たきものあわせ）

平安時代の貴族たちのあそびに歌合わせや絵合わせなどの物合わせがありますがこれの一つに薫物合わせがあります

薫物合わせは沈香を中心に白檀や丁字 麝香 甘松香 安息香 などの香料に梅肉や蜂蜜などをくわえて練り固めて練香をつくり その香りの優劣を競いあうという優雅な遊びでした

六国五味

沈香の品質の分類として六国があります

六国とはもともと産地をさしますが 実際は同じ沈香木の品質上の分類で

伽羅　きゃら　（辛）
羅国　らこく　（甘）
真南蛮　まなばん　（酸）
真那伽　まなか　（無）
佐曾羅　さそら　（鹹）
寸聞多羅　すもたら　（苦）

をいい六国それぞれに 辛 甘 酸 無 鹹 苦の匂いの分類があてられています ※鹹……塩辛

香道のおこり

平安時代に起こった香りのあそびという文化は 応仁の乱をさかいに 多くの香料をまぜあわせる薫物から沈香木ひとつの香りをとりあげる香道へと姿をかえます

単に香りの良さを味わうのではなく その背後にある幽玄微妙の精神世界にまでひろがりをもつ他に類をみない芸能として今日につたえられています

香道の流派

香道にはいくつかの流派がありますが その源をたどれば 室町時代におこった 志野流と御家流にたどりつきます

志野流は 志野宗信 御家流は 三条西実隆 が開祖です

代表的な流派には次のようなものがあります

志野流　御家流
建部流　米川流
蜂屋流　風見流

▲日本香道文献

同时它的形成也标志着组香的形式趋于成熟，并达到鼎盛。

据《香道秘传书》（1669）记载，志野流香人建部隆胜最早提出沉香可以分为五种类型。在《建部隆胜笔记》（1573）中，七十种名香的确是按照“伽罗、新伽罗、罗国、真那班、真那贺”分类的。伽罗与新伽罗属于同一种，区别在于进口日本的时间。古代传入日本、年代已经很久的被称为“伽罗”，新近进口日本的则被称为“新伽罗”。后伽罗与新伽罗合并，又增加了“寸门陀罗”和“佐曾罗”，于是就形成了流传至今的“六国”。

米川流创始人米川常白的《米川常白香道秘传抄》中称，“香木产地本来有四处，即伽罗、罗国、真那班、真那贺，后来又加了新伽罗、佐曾罗、寸门陀罗，一共是七处”，所以香道界也有“六国七种”之说。自从米川常白在《六国列香之辨》中列出的“伽罗、罗国、真南蛮、真那贺、佐曾罗、寸门陀罗”之后，日本香道界就一直以此为沉香品质分类的基本标准。

然而仅仅凭借对品质的把握依然无法准确地判断沉香的等级，于是日本人又把沉香的香气按味觉的通感分为甘、酸、辛、苦、咸五种类型，“甘味，如同蜂蜜的甘甜；酸味，即梅子或梅肉的味道；辛味就是丁子的辛辣味，如同辣椒投入火中的感觉；苦味就是黄柏的苦味，或者是切碎、煎熬黄连等苦药的气味；咸味，汗水的味道、海水的味道；另外还有一种无味，并不是没有味道，而是兼具以上五种香气”，这就是“五味”的分类标准。这种分类方式也是米川常白最先提出来的，所以“六国五味”分类方法的确立应该归功于米川常白。

“六国五味”的具体内容如下：

（一）伽罗

既非国名，也非地名，原本指黑色的高级沉香，是中国古代对越南南部出产的最高等级沉香的称呼，别名“奇楠香”。最早写成“伽罗木”“伽兰木”。香气的特点是柔和中略带苦味，品位高雅，自然优美，犹如仙鹤展翅般优雅舒展。最高级别的伽罗都自然地散发出淡淡的苦味，如同出身高贵的皇族。

（二）罗国

即“罗斛”，指缅甸及泰国的山区，这里出产的沉香香气自然清远，带有锐气，有白檀之香，但以苦味为主，就像正气凛然的武士。

（三）真南蛮

即“真那蛮”“真那班”，指柬埔寨的高棉地区以及老挝的山区，这里出产的沉香香气以甘甜为主，银叶（薄薄的云母片）上留有油脂是此类沉香的最大特点，其他的香木多少也留有油脂，但是只有真南蛮受热后会立刻出油。与伽罗等其他沉香相比，品质的确要低微浮浅一些，就如同清贫简朴的农民一样。

（四）真那贺

即“真南贺”“真那伽”，指印度尼西亚的马六甲地区，这里出产的沉香香气轻柔地散发出来，转而变得“艳丽”，然后清淡地消失，如同略带哀怨忧愁的女子。

（五）佐曾罗

具体指哪里不太明确，一种说法认为是印度东部的山区，或印度尼西亚的东南部，还有待进一步考证。佐曾罗的香味清澈冷冽，略带酸味。最高等级的佐曾罗初香与伽罗有些相似，一开始容易与伽罗混淆，尾香渐渐转淡，只留有一点点余香，其品质就好像出家修行的僧侣。

（六）寸门多罗

也写成“寸门陀罗”“寸文多罗”“苏门答剌”，指印度尼西亚的苏门答腊岛的西北部地区。寸门多罗的初香与尾香都自然地带有酸味，初香与伽罗相似，但渐渐会变得非常淡薄，就像是穿着华丽服饰的平民，徒有其表，华而不实。

日本香道界为了便于香会记录，一般用简明的“略号”来表示沉香的种类。如伽罗标记为“一”，罗国为“二”，真南蛮为“三”，真那贺为“客”或“ウ”，佐曾罗为“花一”，寸门多罗为“花二”。当然，流派不同，标记的方法也略有不同，香气“五味”的定位也不同。例如：

御家流、志野流、泉山御流香气“五味”

种类	标记	香 气 特 点		
		御家流	志野流	泉山御流
伽罗	一	苦	苦	辛
罗国	二	辛	辛	甘
真南蛮	三	甘	甘	酸
真那贺	ウ	无味	咸	无味
佐曾罗	花一	酸	酸	咸
寸门多罗	花二	咸	酸	苦

注：泉山御流的佐曾罗标记为“月”，寸门多罗标记为“花”

“六国五味”分类标准的确立为日本香道的发展奠定了稳定的基础。最初是以产区作为沉香分类标准的“六国”，时至今日早已不代表沉香的产区了。随着当代日本香道文化的发展，古代传承下来的香料资源越来越少，有些已经消失了，“六国五味”也将面对新时代的变化与发展，面对存在的危机。即便如此，“六国五味”在日本香道史上的意义也是不容忽视的。其实在日本伽罗和奇楠也并非同一含义，伽罗代表“六国”分类中的一种，而伽罗中油脂含量高、香气好的香木才可以被称作“奇楠”。由此可见，日本的伽罗不能与目前中国所称的“奇楠”完全画等号，其中也有不小的区别，这一点也是值得我们注意的。

七、香人致力传承与研究

志野流的家元制度在江户时代确立，记录流派入门弟子的《门人帐》保存至今。从《门人帐》的内容来看，志野流的弟子中既有贵族，也有武士，还有市民、农民，包括爱好俳谐的地主阶层等社会各个阶层的人。

▲上：志野流《门人帐》封面
　下：志野流《门人帐》内页

注：本页图片引自日文版图书《香的文化》

至少在18世纪，并不是贵族只学御家流，武士只学志野流。另外，各个时期弟子人数的增加程度不同。宫廷人员或地方领主的家眷们集体参加学习的时候，门人急剧增加。

18世纪以后香道发展的最大特点就是各种香道研究成果层出不穷，多以解说组香为主要内容。其中最有名的就是米川流空华庵忍恺于1729年写成的《十种香暗部山》。御家流大口含翠的高徒大枝流芳（原名岩田信安，号漱芳，生卒年不详）相继出版了《香道秋农光》《香道千代乃秋》《香道轩乃玉水》《香道泷之丝》《改正秘传书》《奥乃志保里》《古十组香秘考》等多部御家流香道的著作。米川流还有山本宗谦、清水纪林、藤村庸轩、西村实闲斋等著名香人致力于香道研究。志野流则有江田世恭、玉井弘章、上田誓斋、岛田贞乡等专家从考证史实、典故方面入手，整理自家流派的传承内容。

1737年，菊冈沾凉（1680—1747）与兄长菊冈晴行共同著成了一部香道百科全书——《香道兰之园》（十卷），一共十二册。大约十年后的1748年，牧文龙识（生卒年不详）著成了《香道贱家梅》十五卷，其内容与《香道兰之园》相似，插图精美，均出自专家之手，可称之为香道艺术品。在香道的诸多著作中，这两套书可以说是最完善的。18—19世纪的江户幕府末期，以组香为中心的香道在内容上没有发生很大的变化，也就是说已经完善到了无法更改的地步。这时出现了大量的研究香道的书籍、笔记、备忘录等，它们的诞生证明香道人口依然在持续增长。这一时期的最大特点就是各个流派都出现了大量完整的传承书籍。

香道在传授过程中有这样一个规定，得到老师的允许后就可以首次看到代代祖传下来的“秘传书”，而且可以自己抄录一份。这种传承规定使成套的香道传承书籍得以完整地保留下来。

众多的传承书籍中，《米川流香之书》一共有三十一册，前后完整，体裁一致，并署名“文化八（1811）辛未年春二月乘海”。

志野流的传承书籍有三十册，是用工整精美的小字抄写的小型书籍。其中《香之记》有“志野流香道正统当家十五世七十四龄蜂谷宗意花押”（“花押”即画押，是个性化的签字），《三拾组五个条内辨全》有“蜂谷贞重书花押”，《雪月花名香合之式》有“蜂谷多仲贞重花押”，《香之茶之汤九段》有蜂谷宗意的署名以外，其他均是无署名的简装册子，前后顺序不明。

御家流的传承书籍有四十一册，每册都贴有标签，有《御家流香道百个条口传授》《名香合之记斗香记序》《御香所考》《香道盟誓草案》《香一流究之事》等。整体的构成不清楚，但都非常齐整。各册都有“以岩田漱芳先生之本”和“大和宫崎诠恭”的署名。成书时间从1741年到1764年，可见抄写花费了二十多年的时间。这些传承书籍中有的字迹不同，很有可能是后人重新誊写的。“岩田漱芳”就是大枝流芳，毫无疑问这些传承书籍都是大枝流芳流的香道集大成之作。

这些传承书籍的内容多有共通之处。如米川流的传承书籍中记载有御家流的香书，说明当时流派之间的往来交流还是比较频繁的。

◆**具有特殊含义的“伽罗”**

1. 发油的名称

江户时代的元禄享保（1688—1735）时期，市面上非常流行一种被称为“伽罗油”的固定鬓角发型的发油，相当于今天我们使用的啫喱水或发蜡等护发用品。看过日本历史古装剧的人都知道，日本江户时代无论是上流社会，还是平民百姓，所有的男女老少都是把头发扎高，固定在头顶部，发油就是固定发型必不可少的东西。其实，这种“伽罗油”中并不含高级沉香伽罗，只是借用“伽罗”的美名为发油做宣传而已。

1732年出版的《昔昔物语》中记载，当时江户城内出售伽罗油的店铺非常多，就连女仆们也争相购买，可见当时伽罗油流行之盛况。据说这种发油是武将家中的下级武士“家奴”最先发明的。日本传统风筝中有一种“家奴”风筝，其图案就是根据下级武士“家奴”为原型设计的。“家奴”风筝上的武士个个都有非常威风的络腮胡。坚挺、有型的胡子是这些下级武士的标志，所以他们是最先开始使用发油固定络腮胡子的。据说在发明“伽罗油”之前，他们使用的是蜡与松脂类的混合物。江户百姓使用的“伽罗油”里加了甘松、丁香和白檀等香料。

在《昔昔物语》出版之前，1656年出版发行的俳谐诗人安原贞室弟子的诗集《玉海集》中有这样的诗句：

伽罗清香幽，

飘然若花露。

“伽罗油”和“花露”是江户时期加有香料的两大化妆品。“花露”也称“江户水”“兰奢水”或“香药水”，是以玫瑰花等为原料，用“兰引”蒸馏出来的化妆水。化妆后，用小毛刷蘸一些“花露”涂抹在脸上，不仅可以让妆面持久，还可以让皮肤变得富有光泽，而且细腻。据说还可以治愈青春痘、痤疮等皮肤疾病。

“兰引”是江户时期用来蒸馏香料、烧酒以及药物的蒸馏器，多为上、中、下三层的瓷器。下部是放置原料的锅，上部是一个装有冷却水的冷却锅。加热底部锅后，蒸汽受到上部冷却锅的冷却，汇集到中间容器的顶部，经一旁的孔道输送到外边的容器里。“花露”就是通过这种方式制成的。

2. 美好事物的代名词

17世纪的江户时代中期，品香已不再专属于贵族和武士阶层，一般平民百姓也可以享受。但是沉香中的极品伽罗依然非常难得，价格昂贵，不是一般人可以随意享用的，因此人们多用“伽罗”来表示“高级”“绝佳”“极美”“漂亮”。商人们利用了人们对“伽罗”的向往，往往在商品名称中加入“伽罗”一词，似乎也提高了商品的档次。这时候的“伽罗”已不只是高级沉香的名称，而是高级、美好事物的代名词。

江户诗人富尾似船的俳句中就有：

何处伽罗香浮动，

却似袖摆春梅开。

另外，日语的惯用句中有“说伽罗”一词，表示“吹捧”“拍马屁”；“伽罗者”表示善于吹捧、拍马屁、会来事的人；“伽罗女”表示漂亮的女性；“伽罗御方”表示原配正妻；“伽罗臭”表示爱慕虚荣；“伽罗富”表示有钱人；“伽罗下驮”表示最高级的木板拖鞋。埼玉县有一种啤酒叫“伽罗啤酒”。

武士阶层中更是以“伽罗”表示“忠义”“忠诚”。日本传统舞台剧“歌舞伎”有一个《伽罗先代萩》的剧目，描写的是一个忠臣为了救自己的主人，不惜牺牲自己的孩子的事迹。剧目名称的前面就加了“伽罗”一词。

当时的花街柳巷也是一个大量消费沉香的地方，青楼女子为了营造气氛，随时随刻都用沉香熏衣、熏房间，所以到处都充满了香气。在这样的店里，“伽罗代”一词就表示客人付的小费。

明治维新以后，日本逐渐摆脱中国的影响开始向西方学习，“文明开化”的风潮逐渐形成。人们开始追求西方式的物质生活与思想文化，茶道、花道、香道等传统文化艺术被视为旧弊，一度走向衰退。曾经盛行一世的香道米川流不幸失传，只有志野流和御家流勉强维持下来。这主要归功于志野流蜂谷家族始终没有放弃“家元”传承的传统，御家流一直有血脉相传的传人。特别是御家流的各代传人中，有人留下了香道著作，有人培养了接班人，还有人研究、制作香道用具。传到一色梨乡时，终于完成一部香道集大成的著作——《香道》。这部书中的所有资料都是小说家幸田露伴（1867—1947）为一色梨乡收集、整理的。幸田露伴还为一色梨乡的《香书》作序，并为他修改草稿，可见幸田露伴也非常关心香道。

1887年10月25日发行的《京都日出新闻》报道了一则关于京都市内举行的香会新闻，题为“香道家伊藤重香古稀记念香会记录”。香会是在23日下午三点举行的，包括山科言绳、叶室长帮、西大路流修等贵族在内，有六十余人参加。香会上用了“十种香”，使用了奥山、菊露、仙家、不老门等名香，最后还品闻了赤旃檀以及著名的香木“兰奢待”，同时还展出了一些华丽精美的香道用具。香会之后，与会者还品尝了抹茶和酒宴。可见除了香道传人以外，当时的社会上依然有人热爱香道这一传统文化，依然有人在学习品香、组织香会。

1908年，水原翠香发行了《茶道与香道》（350页）一书，全面详细地

▲香道花结练习

介绍了香道，并感叹香道为世人所忘记。1929年发行的杉本文太郎的《香道》就是在水原翠香的《茶道与香道》的基础上成型的。“二战”以后，传统文化开始走向复兴。近年来，香道又重新引起人们的重视，学习香道的人也越来越多了，主要流派依然是历史悠久的御家流与志野流。

1947年12月，香道名家一色梨乡和山本霞月等推戴三条西公正为御家流宗家，目前传承至第二十五代。

1963年，一色梨乡的弟子冲田武子（？—1987）等人组织成立了御家流桂雪会，涌现出当代著名香人熊坂久美子、峰尾和一郎等优秀的传承人。

御家流霁月会是从御家流第十九代细谷松茂的学生水上砂秀开始的，由增田秀月、山本伽耶、三条西公正、北小路尧红传承，当代宗匠是长滨闲雪（翠篁庵）。

大正年间（1912—1926），江头环（环翠，1896—1973）创建了翠风流，继承了大口含翠的御家流香道。今天依然以九州福冈地区为中心加以传承并发展。此流派发明了一种独特的组香“构造表”，浅显易懂，易学又易教。翠风流的特点是在学习传统的组香同时，不断地创作出符合当代人需求的新型组香。另外，御家流还有霞翠会、柿园会等流派，创始人均为御家流山本霞月的弟子。

御家流的香道师范有一个很大的特点就是不以教授香道作为职业，他们把香道作为一种兴趣爱好，不断地学习、探索其中的奥妙。香人们也不拘泥于形式，终身保持自然心态和修养品位。

1970年创立的安藤御家流香道与以上御家流各流派略有不同，究其根源应该源自米川流。安藤御家流尊后水尾天皇的皇后东福门院为始祖。东福门院曾接受过米川流创始人米川常白的香道指导，而米川流具备志野流和御家流的特色，所以安藤御家流是介于御家流和志野流之间的流派，香道形式与志野流相似，而香道用具多使用御家流的描金漆器。

以京都、大阪为中心的泉山御流是以京都泉涌寺长老为家元，奉佐佐木導誉为流派始祖，由宗家西际家族一脉相承，是传承至今的皇家香道流派。作为正统的皇家香道流派，泉山御流在日本较为低调。泉涌寺是皇家菩提寺（真言宗），因此也被称为“御寺”，开山始祖是入宋求法的月轮大师俊芿。寺内至今依然保存有一块“兰奢待”，以及历代皇族使用过的名贵香道具。

泉山御流的香道教室从北海道到九州，遍及全国各地。近年来，以若宗匠西际重誉为首的泉山御流同门师生积极主动接受中国香人及爱好者在京都泉涌寺体验、学习香道，已培养出中国师范（香道老师），是目前对中国香文化领域影响力最大的香道流派之一。为中日两国香文化的交流与发展做出了贡献，受到国内外香界人士的一致好评。

1953年，跟随志野流十九代家元蜂谷宗由学习香道的松崎雨香创建了香道新流派——直心流。此流派从广义上理解香道，将平安时代的“薰物合”也作为香道内容，以香为视点，从佛教文化和传统文学中寻找日本人精神文化的原点。现在以东京为中心在日本关东地区不断壮大发展。

第二章 日本香具

日本传统用香的主要形式有三种，一是佛教寺院的佛前供香或是祭拜用香，二是净化空气、增香除味的室内熏香，三是上流社会用来增添情趣、提高修养的品香。日本传统艺道之一的"香道"属于第三种用香形式。用香形式不同，所使用的道具也各有不同。

一、佛前供香的香具

日本的佛教供香多沿用中国传来的各式香炉，如"居香炉""火钵香炉""柄香炉"等。"居香炉"是置于供桌上的铜制或陶制的香炉，包括中国的鼎型香炉、博山炉，朝鲜半岛的金山寺炉等。"火钵香炉"是由火盆发展而来的盆式香炉。"柄香炉"也称"长柄香炉"或"手炉"，是一种可以移动使用的带有长柄的香炉，一端可以握持，另一端有一个小香炉，小香炉有各种不同的样式。寺院僧侣在剃度、礼忏、奉请等法事活动中都要双手托起香炉行礼，以示恭敬。"柄香炉"多为合金、白铜、红铜、黄铜制，但是正仓院却保存有一个紫檀质地的柄香炉，名叫"紫檀金钿柄香炉"，这种质地的长柄香炉非常罕见。

另外，佛教寺院还有一种"香盘"，也称"香印盘""香时计"，是一种平展开阔的香炉，有圆形的，也有方形的，有的有盖，有的无盖。使用时首先在香炉底部铺平香灰，然后放置可以镂空出不同图案纹样或吉祥字符的模具，填满香粉，最后取下模具，点燃与模具图案相同的香粉造型就可以了。由于投放的香粉量是一定的，所以这种香盘在古代也用作表示时间的钟表，所以也称"时香盘"或"香时计"，是一种既美观又节省的烧香方式。

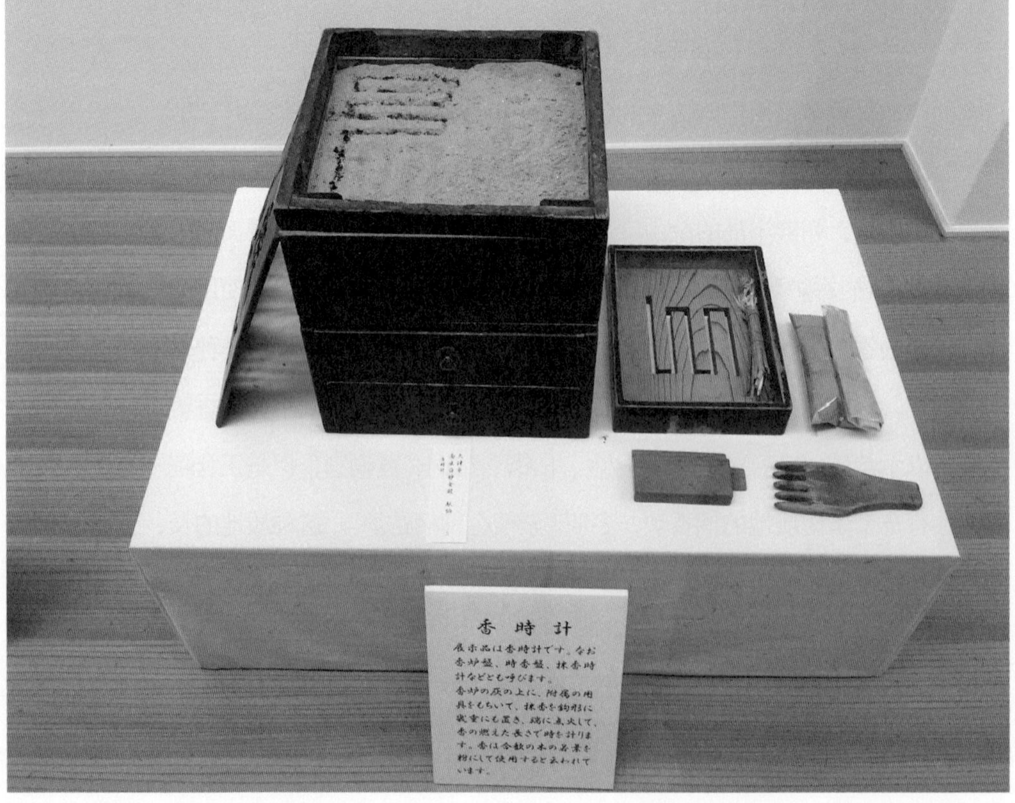

▲上：日本正仓院南仓52号收藏的紫檀金钿柄香炉
下：香时计

二、熏香用具

日本古代室内熏香主要用“火取母”“居香炉”“吊香炉”等香具。“火取母”是一种带有镂空成各式纹样的炉盖的熏炉，外形圆润，呈南瓜状的多面体，所以也称为“阿古陀香炉”（“阿古陀”是一种瓜）。炉身刻有各种图案，一般附带有一个夹子和一把铲子。

室内熏香用的“居香炉”形制与佛前供香的香炉基本相同。

“吊香炉”多指悬挂在室内的香炉。除此之外，室内熏香还有“伏笼”“香鞠”“袖香炉”“香枕”等用具。“伏笼”也称“熏笼”“火笼”，是指罩在熏炉外面用来熏香衣物的笼子，有两种样式：一种是立方体，上面和四个侧面都有格子，就像一个倒着的方盒子罩在熏炉上，上面放上衣物就可以熏香了；另一种是用绳子捆扎起来的一组细圆棒，捆扎方式非常复杂，细圆棒之间放入熏炉，上面放衣物。

“香鞠”也就是香球，多由银、铜等金属制成。香球球壁镂空，球内依次套有三个小环，每个小环都挂在一个转轴上，最内层是装有熏香的钵盂。香球转动时，内部的钵盂依然保持水平，香料不会撒出来，所以也可以在床上或被褥中使用。正仓院的“银制熏炉”和“铜制熏炉”就是这种装置的熏炉。这种形式的香球，小型的可以藏在袖子里，称为“袖香炉”。

“香枕”是用来熏香头发的，箱形木枕下部有一个抽屉，可放置香炉等。抽屉的顶部和侧面都是镂空的，香气从上部或四周散发出来，直接熏香头发。

▶吊香炉

◀火取母

◀伏笼

◀香鞠

▶香枕

日本香道属于闻香品香的一种形式，大部分闻香用具也是到了江户时代初期才逐渐确立下来的，包括香会(在日语中称“香席”“香筵”)中备香、焚香、闻香等香具以及香会记录专用的文房四宝。日本香道的不同流派所使用的香具也会有所不同，既有豪华精美的描金漆器，又有简单朴素的纯桑木香具，种类繁多，数不胜数。有时候，根据香会主题、时节的不同，也会使用不同的香道用具。

一、火道具

火道具也称“七件火道具”，是处理香灰、夹取银叶、加热香木时使用的七种用具的总称，包括火箸、灰押、羽帚、银叶夹、香匙、香箸、莺。

(一)火箸：也称“火筯”。理灰用具，前端多是银、铜等金属质地，柄部多为桑木，也有象牙、檀木等质地，有五角、六角和圆形，长约17厘米，做灰山造型时用于挑灰、夹取香炭团，打香筋、开火窗等。

(二)灰押：理灰用具，金属制，扇形，做灰山造型时用于压平灰山表面的器具。

(三)羽帚：也被称为“香帚”“羽尘”，柄部多为桑木柄、檀木或象牙，前端插有鸟羽(古代多用朱鹮羽毛)。做灰山造型时清扫香炉内壁边缘的香灰。长约12—15厘米。

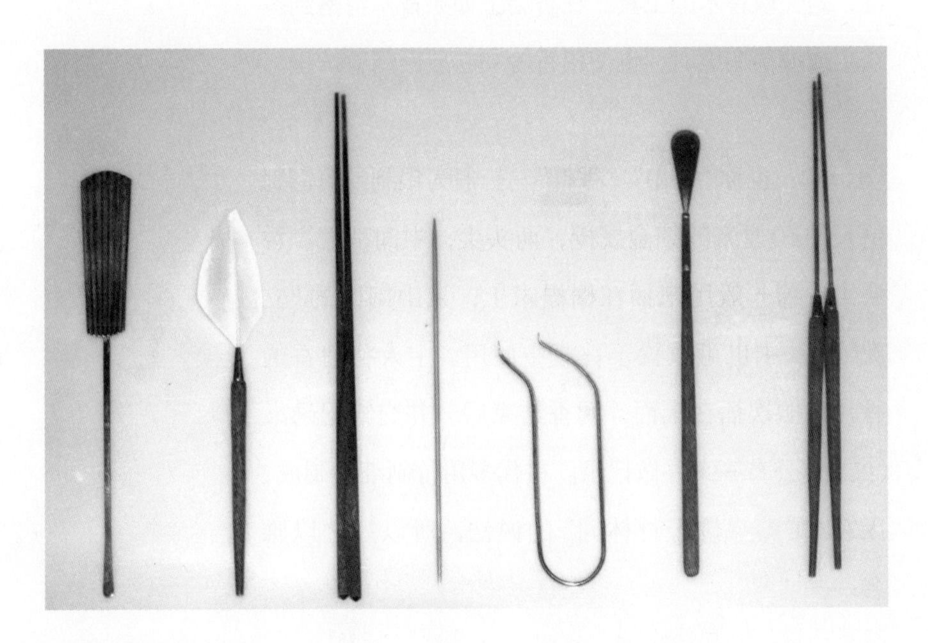

▲火道具

（四）银叶夹：点香用具，用于夹取银叶，放在闻香炉内灰山顶上。长约9厘米，多为银制或铜制。前端部分扁平，便于夹住薄薄的银叶。流派不同，样式稍有不同。

（五）香匙：点香用具，匙部多是金属制，柄部有桑木、檀木、象牙等质地，匙部有时也会有花等其他形状。香匙整体长约16厘米，用于把香木从香包里取出来放在银叶上。

（六）香箸：也称“木香箸”“香筋”，点香用具。桑木、檀木或象牙质地的长筷子，多为四方形，头部尖细，是夹取香木的工具。在香会上如果香木滑落到香灰上或掉落在地时，也使用香箸夹起放回闻香炉里。

（七）莺：也称“香串”“香针”。一般为银制或黄铜制的长约10厘米的细金属棒，两头尖，中间稍鼓。香会上，莺一般用来插在榻榻米上，泉山御流的“立礼”礼法中也可放置于香瓶中使用。主人将猜香的香片包顺次插在上面，闻香结束后一并交给记录人（文台）公布答案并做记录。古代多用竹制细棒制成，因有“黄莺穿梭于竹林间”的说法，所以冠之以雅名——“莺”。

二、火取火箸

火取火箸也称“炭箸”，是常与火取香炉一起使用的火钳，用来夹取炭团。一般不在上述火道具的七件套中，但也是香道中必不可少的香具，在“长盘”等点香礼法中使用。

三、火取母

火取母也称“火取香炉”“阿古陀香炉”，形状似南瓜的香炉。放入已经烧好的香炭团，准备在香会上使用。

▲火取母“阿古陀香炉”

四、香瓶与香盒

香瓶，日语中称“香筯建”“火道具建”，主要用于在香会上放置火道具，高七八厘米，多为六角形或圆形筒状金属或陶瓷瓶。金、银、铜制香瓶多为六角形圆筒，上面刻有精美的透雕。而陶瓷香瓶则多有各类不同的精美图案。

香盒，日语也称“炷空入”，常在乱香的礼法中使用。“炷空”表示已经烧过的香木，“炷空入”就是装已经烧过的香木的盒子。一般来说，香盒的材质和纹样与香瓶是配套的，同样多是金属与陶瓷质地。

五、闻香炉

闻香炉也称“品香炉”，一般简称“香炉”。一般认为是由宋元时期从中国传到日本的香炉改进而逐渐定型的，在闻香时使用。多是青瓷或青花质地，也有彩瓷、白瓷和描金漆制香炉。在乱箱礼法中常常使用成对的双炉。

▲泉山御流北京教室

六、御香袋

御香袋是香会礼法上用于装放香材包和银叶包的织锦袋，在泉山御流被称作“御香袋”，在志野流被称作“志野袋”，不同流派御香袋绳的长短各不相同。御香袋的绳子有各种不同的花结结法，以代表各种不同的含义。香室中不能使用带有香气的鲜花，因为鲜花的香气会影响品香，所以古代的香人们就会使用御香袋打出不同的花结来代表各个季节。泉山御流每个季节都会用四种花结来表示，加在一起就是对应四季的“十六花结”。花结常常用于“长盘”“方盘”等礼法中，但花结的打法是香道传承中的“秘传”内容，真正的香道传承者们是绝不允许轻易示人的。

▼泉山御流秋花结

▲银叶

七、银叶

银叶是一种镶有金银边的薄云母片，是隔火时用于间接加热香木的工具，边长约2厘米的正方形，四个角稍向下弯，放在香灰顶部，上置香木。

八、银叶盘

银叶盘是放置银叶片的盘子，一般是漆制或木制。御家流银叶盘有两种，长的是“本香盘”，专门放猜香用的银叶，有10个或12个镶嵌贝壳或象牙雕制的梅、菊、樱、牡丹等形状的台座。短的是“试香盘”，专门放试香用的银叶，只有5个或6个台座。这些台座被称为“菊座”。通常与“香札”盒上下叠放，银叶盘正好是“香札”盒的盖子。闻香次数不多的小型香会上，也可以只用一个“试香盘”，不用“本香盘”。

◀本香盘与试香盘

▲银叶盘

九、银叶箱

银叶箱是放银叶的长方形小盒子，多为木与陶瓷材质。

十、香包

香包是包香木的竹皮纸或和纸，宽2厘米，长4厘米。试香香木的包被称为“试香包”，本香香木的包被称为“本香包”。在实际香会上为了使“本香包”与“试香包”不易混淆，两者颜色常常会稍有不同。

十一、总包

总包是和纸(以独特的原料和传统工艺制作的日本纸)纸包，用于包“试香包”和“本香包”。多是与组香主题有关的图案，如淡黄色的、贴金粉的纸等。还有一些以重叠在一起的不同颜色的和纸，按照独特的折叠方式折成的纸包，因为造型很像鸳鸯的尾巴，所以也称“思羽”。金色表面绘有长尾鸟或花草等，精美奢华。志野流称为“志野折”。

▶试香包与本香包

▶总包

▲泉山御流乱箱（内含香炉、香瓶、香盒、银叶盘、银叶箱、总包和地敷）

▶御家流乱箱、香道具和地敷

十二、乱箱

乱箱也称“乱盆”，原本是结婚嫁妆里装梳子和镜子等物品的无盖浅方盆，后来用于香会，装一整套香会中会使用到的香道用具。乱箱多为描金漆器或桑木长方形盒子，通常深约7厘米，里面常摆放闻香炉、银叶盘、香瓶、香盒、总包、银叶箱、折据等。乱箱内各种香道用具都有固定的位置，但根据流派不同，置放方式稍有不同。

十三、地敷

地敷也称“地敷纸”，是主人在榻榻米上点香时用来铺垫的折叠式硬纸板，表面有金色图案或蓬莱仙山图案，背面是银色图案。主人把香道用具从乱箱中取出来，按照固定位置摆放在这张硬纸板上。香会结束后，收拾好香道用具，再把这张硬纸板叠起来收走。

十四、砚台

香会记录者专用的砚台称为“亲砚”，备有黑色和红色两种墨汁。客人使用的砚台称为“重砚”，五台一摞，一共两摞，放在一个托盘上供客人传递。

十五、水滴

传统水滴也称“千鸟”，是银制白鸻形状的水滴，一般放在重砚台的顶部，客人取出一张“记纸”之后，拿起水滴，倒出几滴水在砚台上，用于研墨。

十六、记纸和记纸插

记纸（御家流称为“手记录纸”）是参加香会的客人书写自己名字和回答香名的香笺。竖着四折的和纸，顶部横折，名字写在正面下方。打开以后，在左侧第二条竖行用毛笔竖写猜香的香名。“记纸插”就是装“记纸”的纸袋。一般放在重砚台的最上面，传送砚台时客人各自取出一张，搭放在自己的砚台左上角。

猜香结束后盛放记纸的长方形盘子称为“记纸台”。闻香结束时，依次将写好答案的记纸放回到记纸台中，传回给负责香会记录的文台。

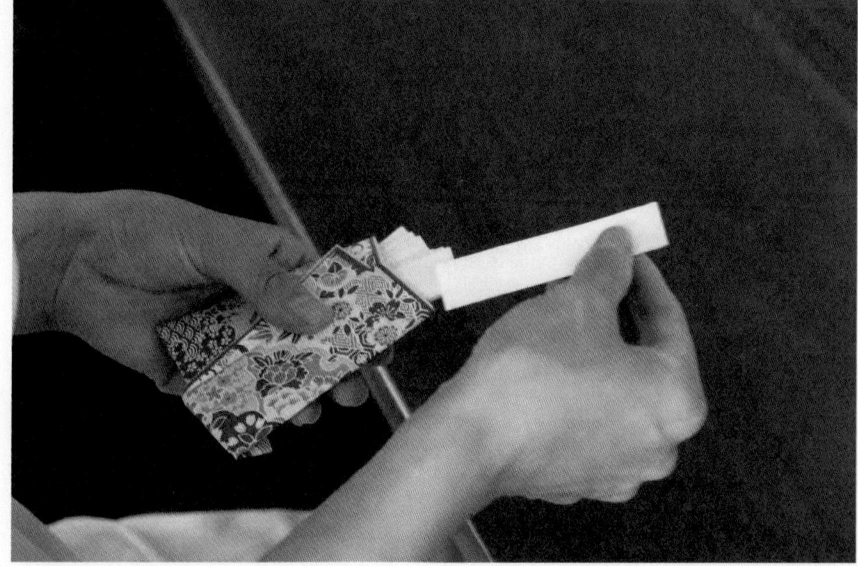

▲上：重砚台
下：手记录纸与记纸插

十七、重香合

重香合是多角或圆筒型的三层或四层容器，漆器质地、三层形制最为常见，各个流派都有使用。一般最上层放银叶，中层放香材包，下层的盒内底部以及周围一圈贴有金属，起到隔火降温的作用，放置使用过的还有热度的银叶或已经品闻过的香木。御家流也称“重香筥”。

十八、香札

香札也就是香牌，通常一套12枚，收在一个小盒里，10套这样的小盒放在一个大“香札”盒里，10套不同图案的“香札”一次可供10位客人使用。象牙、紫檀质地的最多，也有竹制或描金漆制品。形状多是长方形，也有富有创意性、趣味横生的其他形状。香札表面刻有四季花草，如梅、竹、松、萩、樱、菖蒲等图案或名称，背面写有“一”“二”“三”字样的各有三张，其中画有月和花图案的各有一张。另外还有三张背面写有“客（ウ）”字样。根据组香的内容，有时不用笔墨纸砚书写香名，也就是不使用“记纸”猜香，而用“香札”回答香名。每套“香札”有12枚（或10枚），可以用来猜十炉香，所以“香札”也称“十炷香札”。

▶上：重香合
下：香札

还有一种被称为“八角一枚札”或简称“差札”的八角形的特殊“香札”。一套十种花样，供十个人使用。每一个花样有三张。表面绘有四季花草，背面的八条边上分别写有“一”“二”“三”“四”“五”“六”“七”“ウ”的字样。每条边上都有一个小插孔。使用时只需取一个小簪子插在其中的一个小插孔里，就可以作为答案提交了。这种“差札”多用于竞马香等组香。还有一种很像钟表盘的圆形“香札”，一般用于系图香。圆盘中心带有一根长针，周围有十六个小孔，小孔下面绘有类似“源氏香图”的图案。回答香名时，只需转动中间的针，指向周围的小孔就可以了。

十九、折据和札筒

根据香会组香内容，客人需要用“香札”回答时，主人会呈上一个“札筒”或“折据”，回收每位客人作为答案提交的“香札”。“札筒”一般为六角木筒，折据是折叠式的纸袋。使用“香札”的组香中，客人品完一炉香后，把自己选的一枚“香札”投入“札筒”里或放入折据中，用此作为自己的答案。“香札”形制有圆形、六角形、八角形的筒状，顶部有一个投入的小孔。

▲上：折据
　下：札筒

二十、文台

香会记录者使用的木质矮脚台子。

二十一、香炭团

直径2厘米、高2.5厘米的圆柱状炭块，由木炭粉加工而成。埋入香炉的香灰中，用于加热香木。古代多使用小块的樱树木炭，现在举办香会的主人常常自己手工制作香炭团。

二十二、割香工具

切割香木时使用的香锯、香刀、香剥、香槌、香铊、香凿以及割香台。

二十三、香棚

放置香道用具的架子，多用桑、桐、檀或黑柿木制成。一般置于香室内佛龛处。很多流派都有使用香棚的高级点香礼法。

二十四、三枚盆

大、中、小三张方盘，举行“竞马香”时，用于摆放“八角一枚札”。

▶上：文台
中：香炭团
下：割香工具

二十五、四方盘

四方盘简称“方盘”，是简略式礼法的用具。

二十六、长盘

长盘是简略式礼法的用具。

二十七、添香炉盆

“添香炉”即备用香炉，“添香炉盆”就是放置备用香炉的方形小木盘。

二十八、香盘

香盘也称“盘物”。为了增加组香的视觉效果，香会有时会使用一种赛香游戏台，台子上用制作精美的骑马小人偶或花、箭等表示赛香的成绩。香盘就是在竞香盘上进行猜香比赛时使用的用具。

使用香盘进行的香会一般会将所有客人分为两组，每闻一炉香就计算一次成绩，根据每组的总成绩向前移动各组的人偶或装饰物。最快到达终点的组取胜。

▲上：四方盘
　下：长盘

▲“三种香”香盘

这种香盘既有“竞马香”“名所香”“矢数香”“源平香”等合在一起的四种香盘，也有“竞马香”“名所香”“矢数香”合在一起的“三种香”香盘，另外还有“吴越香”“角力香”“鹰狩香”“斗鸡香”“蹴鞠香”“吉野香”等单独的香盘。

盘物做工精细，是非常精美的艺术品。

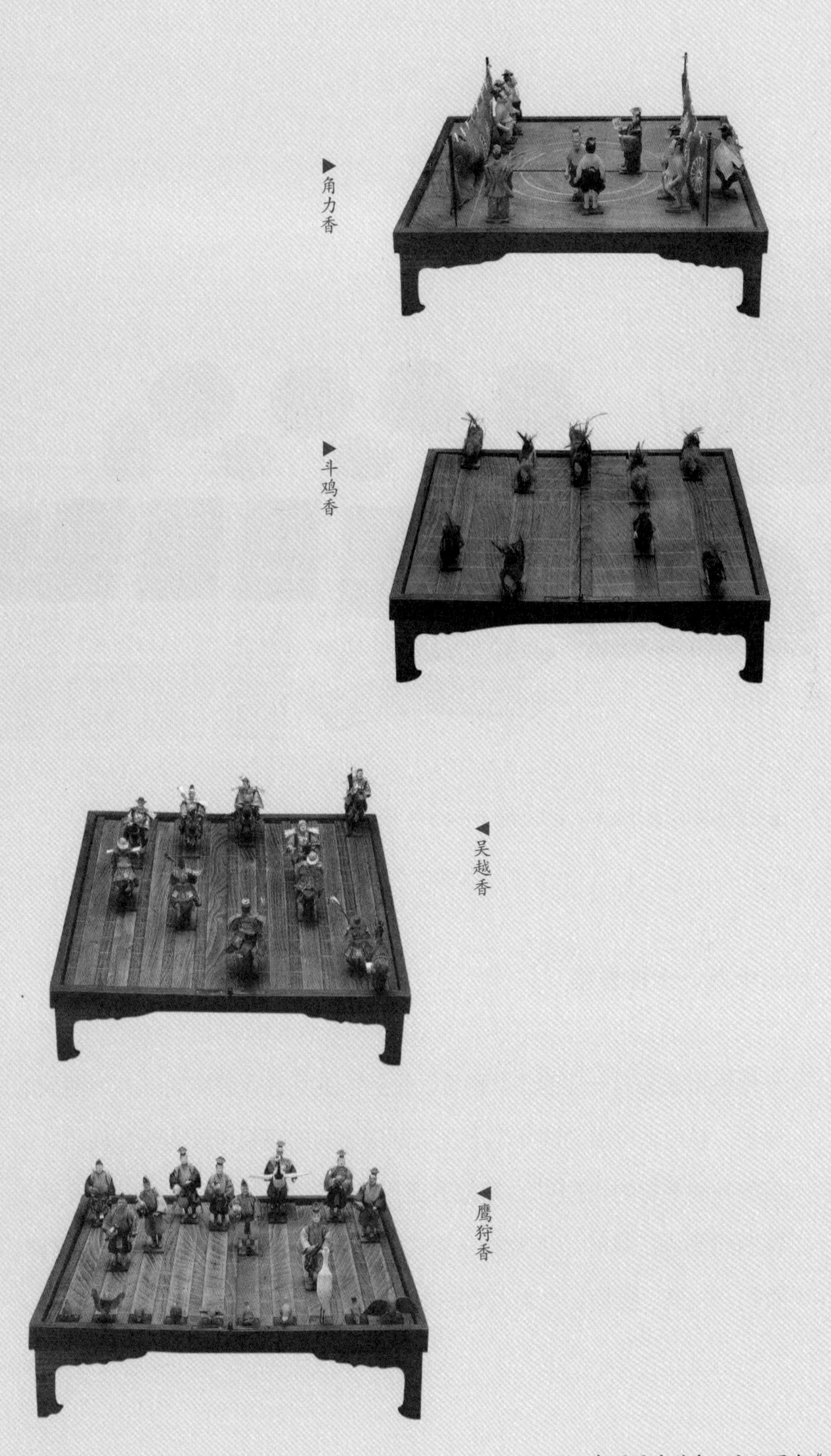
▶角力香

▶斗鸡香

◀吴越香

◀鹰狩香

注：本页图片引自日文版图书《香的文化》

▲十种香箱（图片来源：日文版图书《香的文化》）

二十九、十种香箱

十种香箱是装着一整套“十种香”香会所使用的香道具的上、下两层的盒子，多为木质描金漆盒。上、下两层之间的隔板可作为香盆使用。上层放各种香材的“总包”，摆放香道用具的长方形垫纸“地敷”以及源氏香图或割香工具等。下层放一对“闻香炉、银叶盘、重香合、香筋建、香札、札筒、折据、火末入（装烧过的香木）、银叶盒”等。

第三章 香会与组香

香会是香道中的主要活动形式，一般是以特定主题的组香为主要内容。各位香道学习者在品闻沉香的猜香游戏中了解沉香，学习组香所包含的文化内容，是既能享受美妙的香气又可以学习传统文化知识的香道活动。从未接触过香道的人也可以轻松参加香会，并且可以学会如何品香。简单地说，组织香会的香主人会根据当日的情况提前准备好组香游戏的主题，然后再将沉香根据主题组成闻香的游戏。客人在等候进入香席的时候，香会的组织者会给大家讲解如何品香和组香游戏规则，当进入香席之后，大家就开始静静地品香、猜香，组香游戏结束后，香主会为大家讲解有关香会的主题内容。由于香会这种形式的出现，香道得以系统地发展。正式进入流派内开始学习香道的人在学会了如何闻香、如何参加香会之后，再学习各种不同的“礼法”，也就是为客人点香的仪轨。香道作为一种上流社会增长知识、提高修养的教育手段传承至今，香会也成为香道学习者最热衷的品香活动。香会上大家十分注重礼仪，从而参加香会也渐渐成为日本上流社会社交活动的代表。

一、香会的基本流程

香会的流程简单地说就是主人在闻香炉里埋入已经烧好的香炭团，上置一片名为“银叶”的薄云母板，火候调整合适后，把一块火柴头大小的沉香片放在云母板上加热，待沉香散发出淡淡的香气后，主人将香炉传给主宾，主宾拿起香炉水平置于左手，逆时针旋转两次后，以右手轻轻覆盖炉口，品闻其香三次，然后再传送给下一位客人。这样依次品闻数

▲御家流香会

炉香木后，客人们根据自己的感觉判断香木之异同或前后之顺序，最后在答纸上书写香名或出示香牌。

以御家流的香会为例，给大家介绍一下香会的大致流程：

（一）客人入席后，主人与客人一起行礼，香会开始。主人面前铺着一张长方形的布垫，布垫中间放着一个折叠好的纸垫，纸垫上是一个包着香木包的总包。香会记录人面前摆放有文台。

（二）主人从香棚上取下香会记录纸和砚台盒（内装砚台、黑红两色墨汁和毛笔），交给香会记录人，然后取下装有香道用具的“乱箱”放在自己和记录人之间。

（三）主人打开折叠的纸垫，从乱箱中取出用具，按顺序摆放在纸垫的固定位置上。

（四）在主人做准备期间，客人传看写有组香名、香名和香木品种的小纸条。

（五）主人用火筋在闻香炉里的香灰中间开一个洞，然后从描金漆制的阿古陀香炉中夹取一块烧好的炭团，放进闻香炉里埋好。

（六）主人开始理灰，左手转动香炉，右手用火筋将香灰轻轻往上梳理，盖住炭火，做出一个中间高四周低的灰山造型。这时是最需要技巧的，不同的香木所需要的火力不同，火力的大小是用覆盖在炭团上香灰的多少来掌控的，这就需要主人经验丰富，凭感觉来掌控。

（七）主人用火筋在灰山上压出放射状条纹，做出灰山造型，标记闻香的位置。这种造型一是为了美观，二是为了控制炭团的燃烧程度。另外，万一在闻香的过程中香炉倾斜，香木掉落在灰山上，有灰山造型就比较容易发现香木。灰山造型有草、行、略、真等形式。最后主人用羽帚清扫炉壁和香炉边缘。

（八）主人整理好香炉内的香灰后，客人依次传炉欣赏灰山造型。有的香会事先已经做好灰山造型，没有现做和欣赏这一环节。

（九）客人欣赏完香灰后，主人用一支火筋从灰山顶部直插到香炭，这叫“开火窗”，目的在于让香炭的热度更好地传给香木。这期间，客人传送盛有“手记录纸”的小盘，分别从上面取一张“手记录纸”。然后传送砚台盒，砚台盒一共有十个，五个一摞放在一个台子上。客人取自己的砚台时，从底下双手端起五个砚台，全部放在自己面前，把最底下的一个留下，其

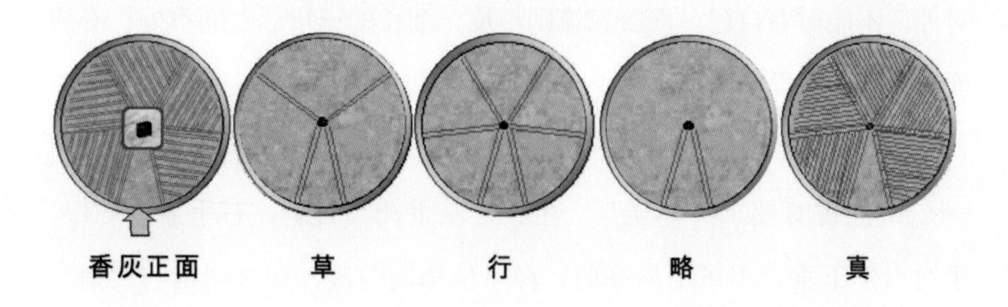

▲灰山造型

余的再放回到台子上，然后端起台子放在下一位客人的面前。下一位客人端起另外一摞，按照同样的方式把最下面的砚台留下，其余的再放回台子上。

（十）主人用银叶夹轻轻夹取一片银叶放在灰山上，再打开香包，用香匙舀起香木，轻轻地放在银叶上。香气慢慢弥散开来时，主人端起香炉先闻三次，然后用左手放到客人面前，请客人品闻。如果是试香，主人会报出香名，客人传炉时也必须向下一位客人报出香名。

（十一）执炉品香时，右手取炉置于左手，按逆时针转炉，从香灰中标记的闻香处闻香。香灰中标记的闻香处称为“闻筋”，也称“闻口”。流派不同，标记也不同，如志野流是香灰上最明显的一条粗线，而御家流则是一个细长的三角形。志野流要求在这条粗线的对面闻香，这条粗线表示闻香炉的正面，香炉正面要对外，不能对着自己。而御家流则相反，细长的三角形是闻香处，必须面对此处闻香。

（十二）品香时要求身体坐直、坐正，左手托起香炉，右手盖住炉口，手肘自然下垂，不可平肩高肘；鼻子稍稍向前凑，在大拇指与食指之间深深地吸入香气；吐气时不能脸朝上座方向，应朝下座方向或含胸低头吐气。

（十三）传炉递香时要求右手稳拿香炉，放在下一位客人的前面，如果是试香还要报出香名。

（十四）试香结束后，在点"本香"（客人要猜的香）之前，主人先把"香串"插在榻榻米上，然后对客人说："现在开始品闻本香，请宽坐。"客人听到主人的这句话之后，可以不必跪坐，而采用比较舒适的坐姿，并开始研墨，然后用毛笔在"手记录纸"正面的下方书写自己的名字。注意这里只写名，不写姓，如"樱桃小丸子"就只写"小丸子"。

（十五）主人从"本香包"中取出沉香片放在银叶上，然后把香包插在"香串"上。主人先拿起闻香炉品闻三次，然后传给第一位客人，这时主人是不报香名的。

（十六）客人传炉品完"本香"之后，在各自的"手记录纸"上写上香名。所有本香品完之后，主人将"手记录盘"放到主宾面前，客人依次将自己的"手记录纸"放在上面，传到下一位客人面前，最后传到记录人面前。

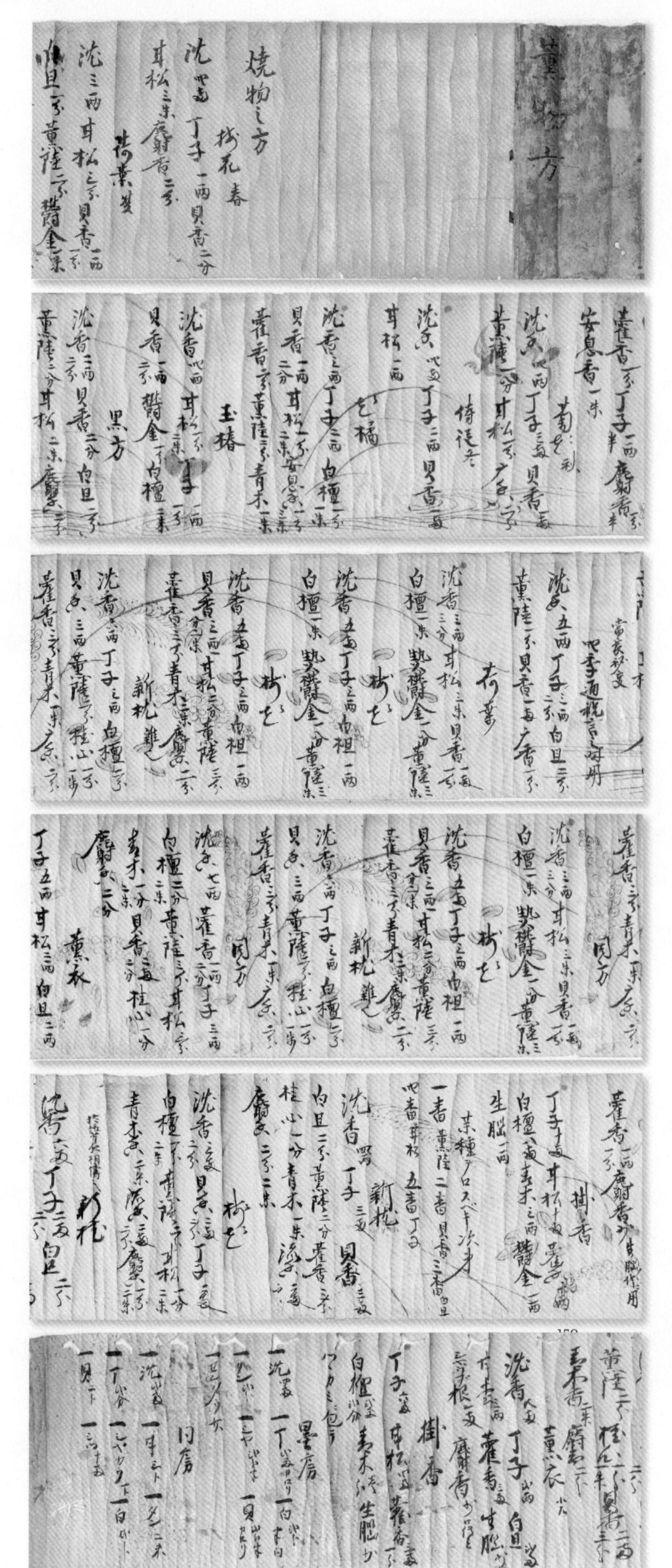

▶日本《薰物方》

（十七）记录人在客人们闻香的过程中已经将组香的主题名称、证歌（与主题相关的诗词和歌）、香名、客人名字等都写在一张香会记录纸上。客人的“手记录纸”传过来之后，记录人要依次把大家的答案抄写在记录纸上。

（十八）主人把插在香串上的“本香包”取下来交给记录人，上面有猜香的答案，记录人把答案抄写好之后，用红笔在客人们的正确答案上斜向画一条短线。最后写上香会举行的时间、地点，主人、记录人及香木提供者的名字。这样，一张完整的香会记录就写好了。记录人把这张香会记录纸交给主人，主人宣读回答准确率最高的客人名字，并把记录纸卷起来作为奖励，送给这位客人。

（十九）主人收拾好所有用具，放回香棚里，然后对客人说“香满了”，这就表示香会结束了，主客一起行礼，然后依次退出香室。

二、香会礼仪与注意事项

日本的香会无论哪种流派都有一系列的礼仪和规矩，这也是保证香会顺利进行的必不可少的前提条件。这些礼仪规矩不仅对客人的穿衣戴帽有要求，而且对坐姿甚至是内心都有要求，井井有条、一丝不乱的一招一式才能体现出客人的品位和魅力。以下是参加香会时的一些注意事项：

（一）参加香会的人必须懂得尊重与谦让，保持心平气和，严格遵守时间。

（二）所有衣物不得熏香，喷洒香水、花露水等；不得使用带有浓郁芳香的化妆品、发胶等；注意衣物不能带有樟脑等防虫剂的气味；不能随身携带檀香折扇；参加香会的前一天不要食用大蒜、葱、韭菜等食物，以防食物气味残留口中，影响品香质量。

（三）服装以朴素大方为好，不要过于随便，也不必过于拘谨。因为要跪坐在榻榻米上，所以女性最好不要穿太短的紧身衣裙。皮革制品会妨碍品香，所以也不要穿皮革质地的衣物。

（四）香会开始之前要取下手上的戒指、手链、手表等装饰物。双手要清洗干净，尤其要特别清除指尖处的污秽，否则是对香席的不尊重，也是对主人和其他客人的不尊重。

（五）香会结束之前禁止大声喧哗、高谈阔论，不得窃窃私语，不能中途退席；要保持香席的安静，便于品香，达到安神养性的目的。

（六）即使是炎热的夏季，品香的过程中也不能打开门窗，不能使用扇子；香室讲究通气不通风，以防香气四散。

（七）进入香室之后，如果有上宾，则应该先向主宾点头致意，然后仔细观看室内的“床间”（壁龛）装饰以及摆放香道用具的香棚，安静等待所有客人到齐后一起入席。入席时，主宾最先，其余客人随后，不要过于谦让，以免耽误时间。

（八）进入香席后一定要跪坐。主人准备点“本香”时，会说“请宽坐”，这时候可以稍微换一换坐姿，尽量让自己坐得舒服一些，以便集中精力品香。如果香会主宾是非常尊贵的客人，最好坚持一会儿，不要变换坐姿。如果变换了坐姿，提交答案以后必须重新跪坐好。

（九）执炉品香时应安定稳重，身体坐直、坐正，手肘自然下垂，不可平肩高肘，千万不要倾斜香炉。品闻三次之后立刻传给下一位客人，香席上禁止一人多闻、霸炉不放。

（十）按顺时针方向传炉递香时应平顺端庄，右手稳拿香炉，放在自己和下一位客人之间的榻榻米上，不可直接递到对方手里。

（十一）执炉品香和传炉递香时都要注意不能倾斜香炉，免得香木和香灰从香炉中撒出。非主人不得触弄香灰、香木；即使是银叶倾斜，香木掉出，也要交由主人处理。

（十二）香席之上不得随意点评火候及沉香香气的好坏。在御家流的香会上，主人会事先准备一张写有沉香种类的纸条交由客人传看，志野流却没有这个程序。

（十三）品香之后在香笺上书写香名或提交香牌时不得交头接耳、互相商量，不能参考他人的答案；写好或提交之后也不能取回来更改、换牌。

（十四）在自己品香时一定要向下一位客人先施一礼，表示“我先失礼了”。御家流是在试香和本香第一炉时各行一礼，而志野流是在香会的第一炉前行一次礼。为了保证迅速传炉，自己前面的客人在品香时，就要向下一位客人先行礼。另外，传送砚台、“手记录纸”、香会记录时也要按照这种形式向下一位客人行礼示意。

(十五)香会结束后，客人需待主人收拾完毕后，向主人行礼、谢香之后才可以退出。

(十六)香道流派不同，礼仪规矩也有所不同，即使了解其他流派的礼仪规矩，也要尊重当前流派的礼仪规矩。

猜香名并不是香会的目的，每一位参加香会的人都必须谨记，不能单纯追求胜负结果，应该静心品香，在品香的过程中达到与香对话、与香融合的无心境界。

任何一种形式的香会都要求客人具备一定的古典文学知识，尤其需要了解和歌、诗词、典故及小说等。在答纸上书写名字和香木名称时必须自己研墨并使用毛笔书写，这就要求客人要有一定的书法基础。

当然，这些都不是最重要的，不会弹乐器也应该能欣赏音乐，会弹乐器更有助于对音乐的理解。所以，即使对古典文学和书法不太了解，也可以通过参加各种香会，不断提高对香道本身及日本古典文学的认识和理解。

一、沉香与组香

“沉香是瑞香科树木在被损而受伤时，树木的分泌物或树脂集中于伤处而形成的。因树脂散发有香气，故而引来很多虫蚁及微生物，使伤口难以愈合，久而久之形成香木树的溃疡和结疤，这种病灶本身就是一种树脂化合物，周遭也会形成类似病灶的半木质物，时间越久，结痂部位越坚实。如果树木枯死倒入土中，其木质部分不久就会腐烂化为泥土，而结痂部分埋于地下，陈化但却不腐，这样就形成了沉香。”日本的香人曾这样描述沉香的形成过程。

沉香是一种香材，也是中药，同时也是很好的细工雕刻材料。中国古代医书记载沉香具有行气止痛、温中止呕、纳气平喘的功效。作为珍贵的天然香材，自古以来备受香人的追捧。沉香的形成在今天看来依旧是一个极其复杂的过程：瑞香科植物经受外力折断或砍伐等伤害后，会分泌自愈性的树脂，在可以结香的菌群发生作用后，即可结香，这只是一种大致的说法。学术界曾有四种结香原理的说法：一是“病理”说。研究认为，树干受损后由一种或数种真菌诱导寄生，在真菌体内酶的作用下，使木薄壁细胞贮存的淀粉发生变化，多年积结油脂，形成沉香。二是“创伤／病理”说。研究认为，创伤是形成沉香的主因，真菌感染只起到辅助作用，后经由一系列联合反应结香，形成沉香。三是“非病理”说。研究认为，树干的伤害能够使其产生沉香类物质，对活细胞的伤害程度越大，结香的面积就越大。四是“其他结香机理”

▲沉香

说。研究认为，通过激发、诱导白木香悬浮细胞结香，调节植物次生代谢途径。

无论哪种结香原理最接近事实，自然结香的过程必然是非常复杂而漫长的，需要特定的气候与环境，这些因素造就了沉香丰富的气味变化。还有必不可少的就是时间的沉淀，一般来说，结香时间越久，醇化时间越长，沉香的品质就越好。现在我们见到的沉香香材多是树木所结的香与木质部的混合体，越高品质的沉香所含木质部就越少。由于沉香资源稀少，自古以来就是香材中的珍品。中国古代岭南地区的官员向朝廷进贡，就多以沉香为贡品。

沉香质地的优劣无法预测，即使是同一块沉香，也很少有完全相同的。树脂的分泌变化以及周围土质和湿度引起的各种反应都会对香木本身产生影响，所以沉香从点燃的那一刻到全部燃尽，其间散发出来的香气也不是一成不变的。当然，这种变化与火候也有一定的关系，但绝大部分是由沉香本身决定的。

正因为沉香香气微妙的不同，日本人起初品闻沉香只是为了判断两种沉香是否相同，如果不同，哪一种香气更加好闻。后来人们觉得比较两种沉香香气不同的形式比较单调，于是就出现了使用四种沉香，其中的三种沉香各备三包，另外一种沉香只备一包，这样一共十包沉香，打乱顺序品闻之后，猜出哪几包相同。这种形式被称为“十炷香”或“十种香”。室町时代，京都等地盛行的“茶香十炷寄合”“斗香”就属于这种形式。后来，这种通过判断香木异同决定胜负的娱乐活动逐渐发展成为有奖形式的游戏，而且奖品越来越奢华昂贵，严重影响到当时的社会风气，幕府不得不严令禁止“十炷香”这类有奖形式的猜香活动。但是“十炷香”或“十种香”毫无疑问是今天日本香道组香的原始形态，而且当时“十炷香”或“十种香”已经出现了“试香”（先试闻其中一两种）和“无试香”的形式。这些内容在14世纪的贵族日记中已多次出现。

“十炷香”或“十种香”出现了一百多年以后，也就是在安土桃山时代才出现了其他类型的组香，那么在一百多年间组香是如何发展变化

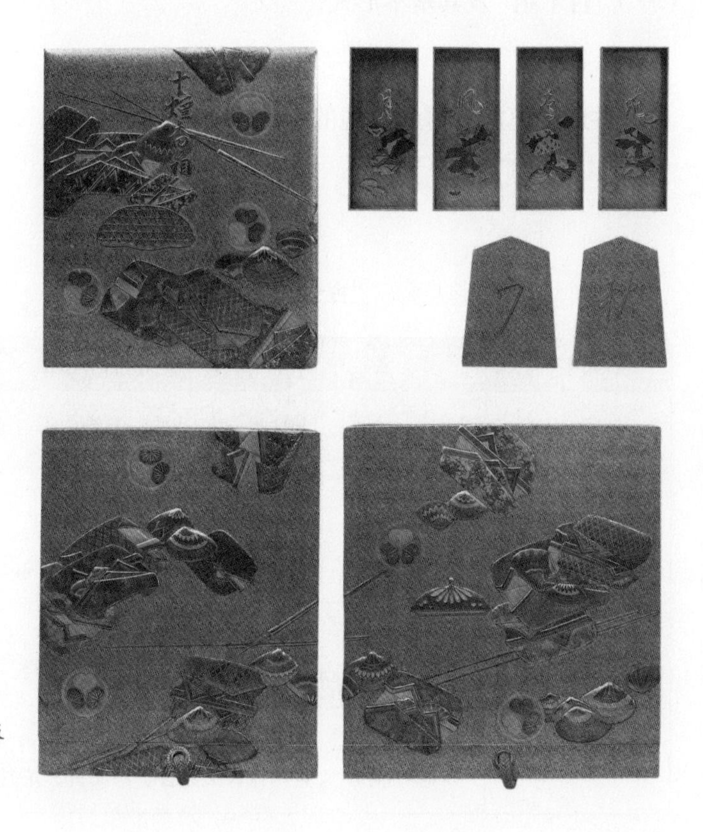

▶国宝　十种香箱
（图片来源：日文版图书《香的文化》）

的呢？由于史料有限，目前还无法究明。根据现有史料可知，志野流著名香人建部隆胜曾经自创了许多组香，还把自己的创作成果上报给朝廷，遗憾的是，这些组香的具体内容已经不得而知。不过由此可知，当时活跃于香道界的香人们已经开始尝试创作不同于“十炷香”或“十种香”的新式组香了。

（一）“古十组”及其基本形式

日本香道界把室町时代出现的十个组香称为“古十组”，是香道史上最早的十个组香。

“古十组”香道史资料

古籍名称	作　者	古十组
《香之记序》	细川幽斋	十炷香、花月香、宇治山香、小鸟香、小草香、郭公香、系图香、十种香炷合、源氏香、乌合香
《十种香暗部山》	空华庵忍恺	十炷香、花月香、宇治山香、小鸟香、小草香、竞马香、矢数香、名所香、源氏香、连理香
《香道秘传书》	宗入	十炷香、花月香、宇治山香、小鸟香、小草香、郭公香、系图香、十种香炷合、源氏香、乌合香
《十组香之记》	梅翁轩（志野流）	十炷香、小鸟香、小草香、宇治山香、名所香、竞马香、矢数香、源氏香、花月香、连理香

细川幽斋是室町末期江户初期的一名出色的武将，又是一位著名的茶人和香人，还擅长和歌、连歌等古典文学，是当时首屈一指的文化人。《香之记序》是他晚年写成的一部香书，介绍了香木传入日本的历史、中国的香书以及日本历史上的“名香合”等。书中介绍了十个组香，是日本香道史料中有关“古十组”的最早记录。

空华庵忍恺是活跃于江户时代中期的米川流香人，曾师从米川常白的弟子西村实闲斋成政，著有《香会余谈》。《十种香暗部山》分为上、下两卷，上卷是对十个组香的注解，下卷是香道用具的图录和解说。

《香道秘传书》记录整理了建部隆胜的香道研究成果，包括“名香合”“炷继香”等古典香文化和以组香为主体的新式香文化。另外还收录了建部隆胜的笔录及志野宗信、宗温、省巴和宗入等著名香人的传记等。此书分上、下两卷，上卷是举行组香时的一些注意事项，下卷包括各个时节点香、品香的方法以及十组组香的解说等。十组组香标明作者是宗入，但是有关宗入的史料非常少，目前只知道他是志野流的香人，与建部隆胜旗鼓相当，水平颇高。

《十组香之记》是蜂谷家确定家元制度以后，志野流指导者整理出来的古十组组香。

以上四种香书中的“古十组”都包含有“十炷香”“花月香”“宇治山香”“小鸟香”“小草香”这五种组香，其他五种各有不同。

“十炷香”源于斗香，用四种沉香，其中三种各准备三包，另外一种只准备一包，一共十包，打乱顺序，逐一品闻，然后猜哪几炷香相同，哪几炷香不同。

“花月香”是用两种沉香或六种沉香分别代表花和月，两包到六包均可，可以试香之后猜香，也可以不试香直接猜香。

“宇治山香”源于喜撰法师（生卒年不详，平安时代的歌人）的和歌“草庵京巽有鹿鸣，世言宇治山中人”，使用五种沉香，都可以试香，或者只试闻其中的四种，然后混入另外一种，打乱顺序，从中只选一包品闻。只选一包是因为著名的“平安六歌仙”之一的喜撰法师只留下了一首和歌。

“小鸟香”有三种和五种沉香两种形式。如果是五种沉香，各准备三包，分别从中取一包，五包一组，一共三组。三组中各取出三包，随意调换到其他组，然后选其中的一组（五包）品闻。任选的这一组（五包）香木，可能会出现两包相同的香木，也有可能和一开始分成的三组一样，五种香木各有一包。无论采取何种排列方法，最后都要用日语的小鸟名字来回答。例如，如果第一炉和第二炉相同，答案就写“ももちどり”，前两个假名相同的这个小鸟名，正好表示前两炉香木相同。

“小草香”与“小鸟香”类似，区别仅仅在于是用小草的名字回答。组合形式多种多样，如有两种沉香各备三包、三种沉香各备三包、三种沉香各备四包、四种沉香各备五包、五种沉香各备五包等各种组合。

“郭公香”组香是源于一首著名的和歌“柴门水鸟声，我名山郭公”。参加香会的客人每人须带一块沉香，全部混在一起，打乱顺序后逐一品闻，每个客人要回答自己带来的那块沉香是第几炷香。

“竞马香”是最具代表性的“盘物”组香，也称“盘立物”，是使用竞香盘和人偶等显示竞香结果的组香形式。江户时代初期开始盛行，尤其受到女性的喜爱。因为“盘物”组香使用的竞香盘、人偶、小道具等都非常精致，也是一种教养和身份的象征，因此当时有钱有势的地方领主在女儿出嫁的时候，都会在嫁妆里准备一副精美的“盘物”。

“竞马香”源于京都贺茂别雷神社每年5月5日举行的赛马祭礼。“竞马香”使用两张长条形竞香盘，盘上有两条浅槽，象征跑马的马道。槽边上刻有记号，把竞香盘分为十格。另外有两匹马和一对分别穿着红黑色和服的、高8厘米左右的人偶。“竞马香”组香属于有试香的“十种香”。主人准备四种沉香，先请大家试闻其中的三种，然后四种香木各取三包，一共十二包，打乱顺序，取其中的十包，逐一品闻。品闻一炉香后，客人必须马上以香牌“八角一枚札”提交答案，这种一炉一炉提交答案的猜香形式也叫“一炷开”。客人分为红方、黑方两组，根据两组回答正确的人数来移动骑马的两个人偶。如红方有两个人答对了，红色人偶就前进两格。所有客人中只有一个人回答正确时，他所在的一方可一次进三格。落后四格的一方要下马一次，追上四格的一方可重新上马。最后以人偶到达终点的顺序决胜负。竞香盘是可以连接使用的，走完的竞香盘取下来，接到前面继续使用，直到最后决出胜负为止。

“矢数香”也是使用竞香盘的组香，使用四种沉香，均可试香，猜香时一共十二包。根据客人回答的结果在竞香盘上插箭矢，多者为胜。

“源氏香”是选五种沉香，各备五包，一共二十五包，从中任取五包逐一品闻。客人以“源氏香图”的记法在纸上画出图案，回答五种沉香的异同。“源氏香图”是五条竖着的小短线，从右侧开始分别代表五炉香，如果第一炉香和第二炉香相同，就把第一条和第二条短线的顶部连接起来。“源氏香”与《源氏物语》的内容并没有直接的关系，仅仅因为五种沉香的组合有五十二种可能，正好与《源氏物语》五十四卷接近，当时的人们就把《源氏物语》第一卷和最后一卷去掉，以五十二卷卷名对应五十二种组合，既可以增加组香的趣味性，又可以了解这部文学名著。“源氏香图”的图案古朴雅致、精美漂亮，至今依然被用于徽记、织染、手工艺品、日常用品、建筑图案以及和服等传统服饰的图案设计中。

▲“源氏香”图册

▼泉山御流“源氏香图”礼扇

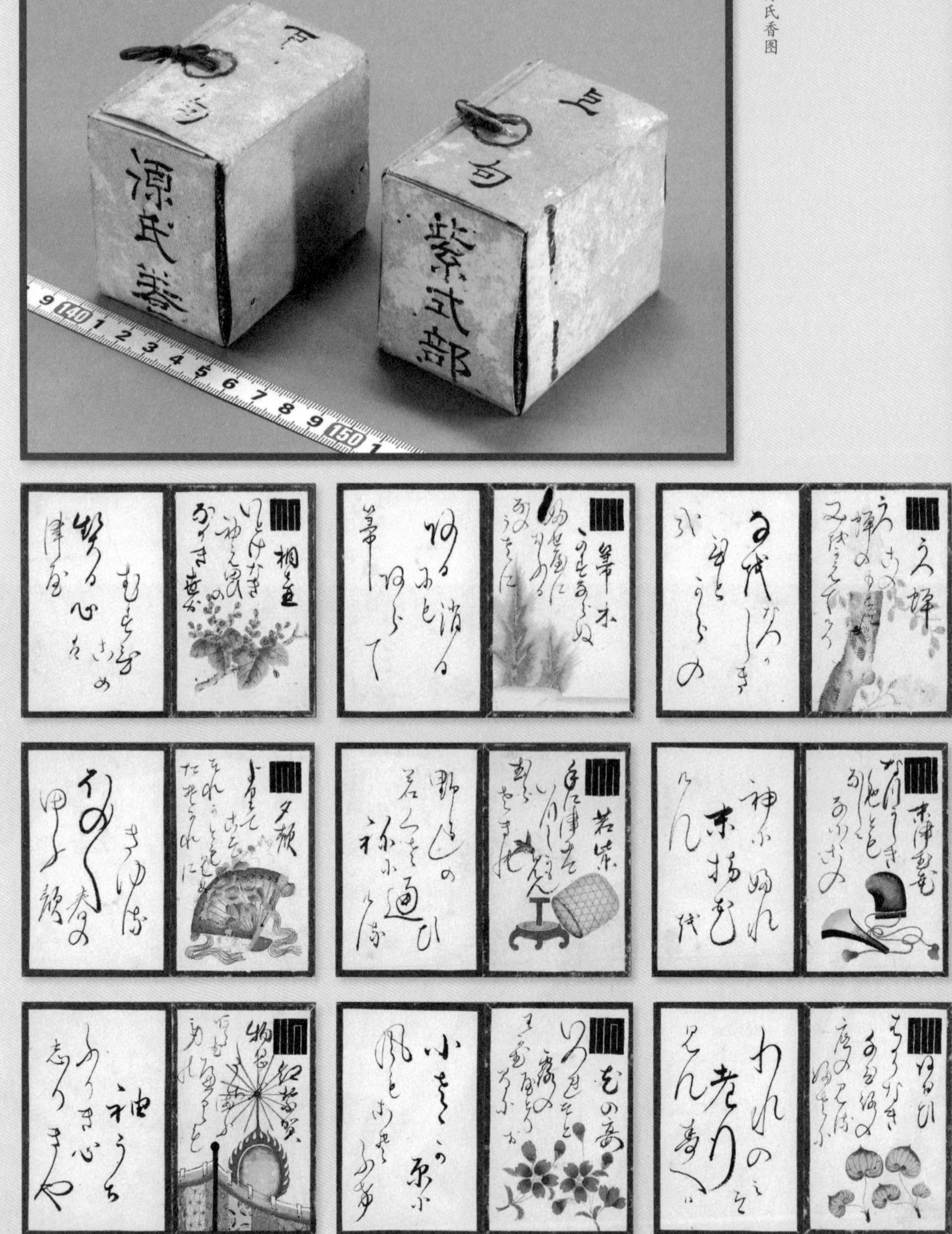

◀源氏香图

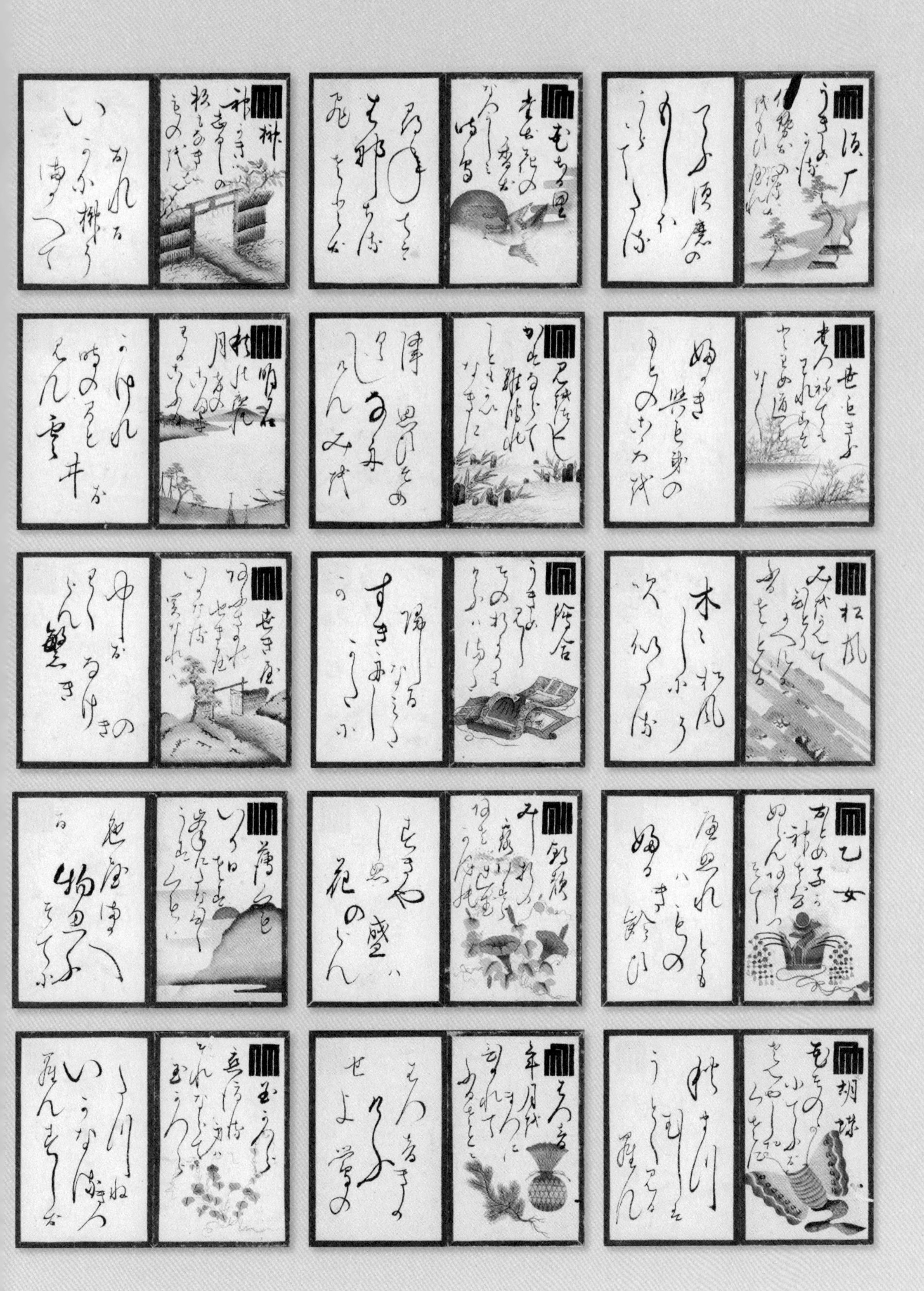

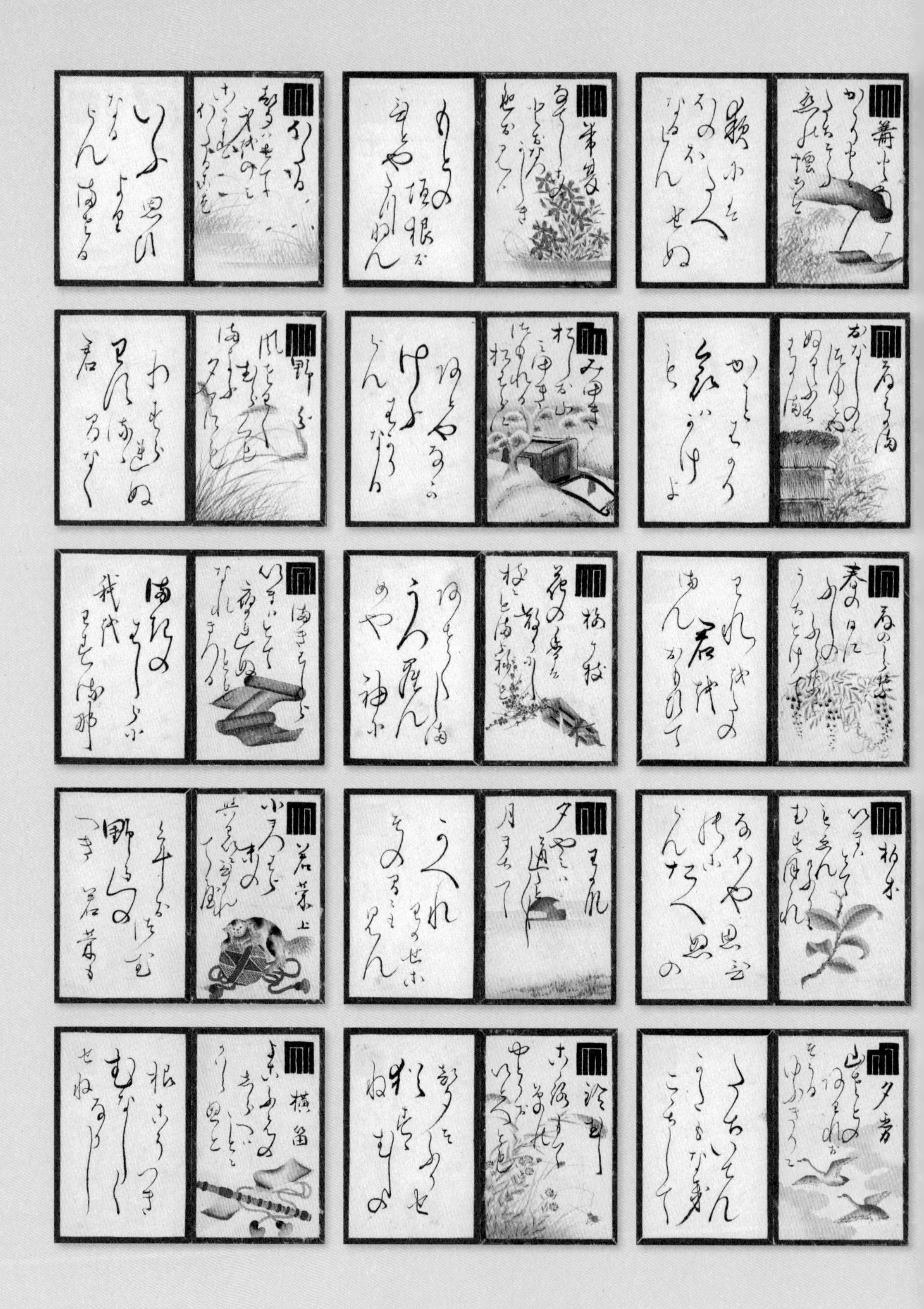

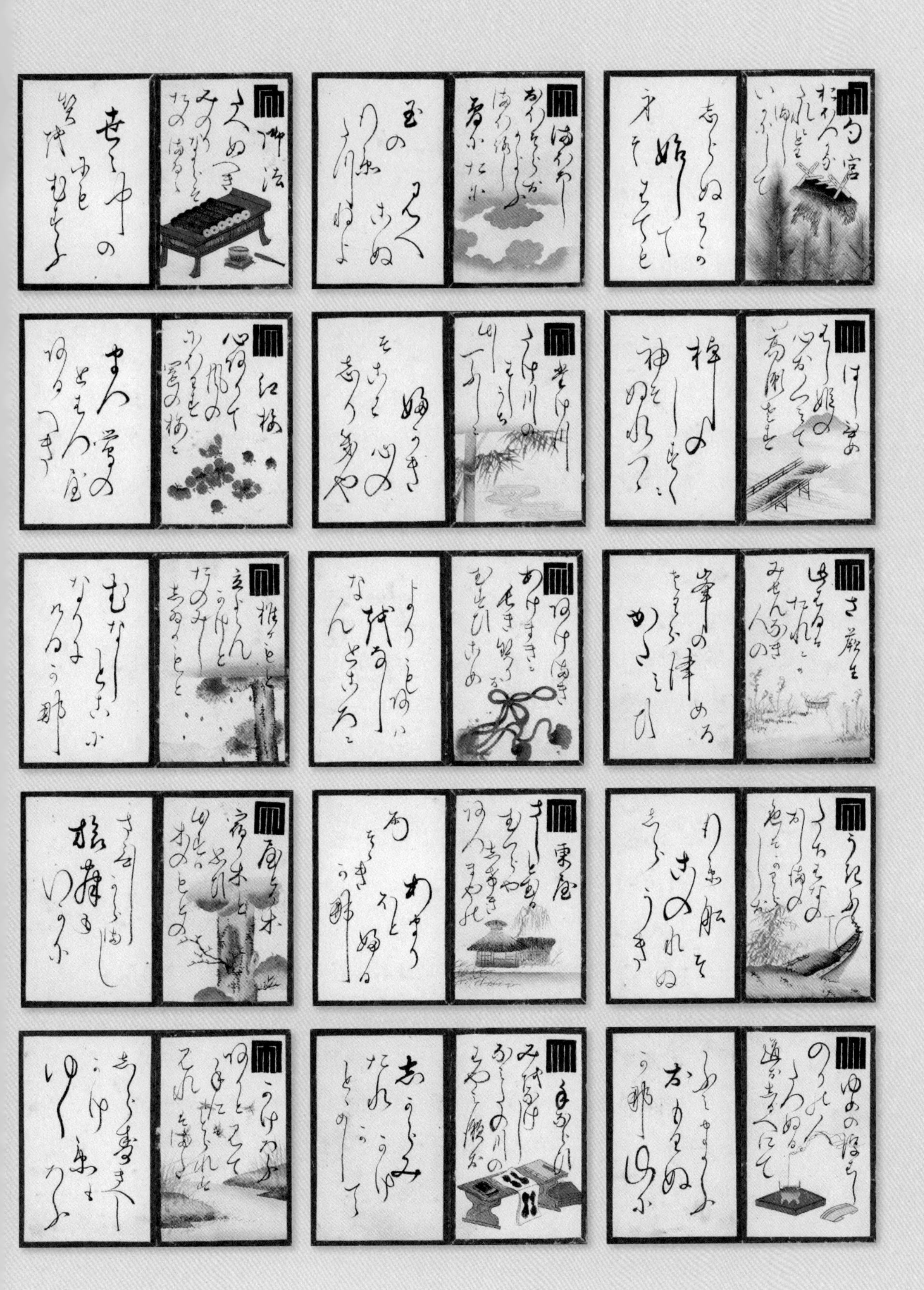

“系图香”与“源氏香”属于同一种形式，区别在于使用的沉香为四种，每种各备四包，一共十六包，任取其中的四包品闻，然后按照“源氏香图”的形式，用四根短线连接相同的沉香。

“源平香”是使用竞香盘和红白旗的“盘物”组香。组香名称源于平安末期两大武士家族“源氏”与“平家”的争斗。江户时代初期，入宫为后的东福门院（第二代德川将军之女）以德川家族是源氏后代为由，命令入宫教授香道的米川常白把“源平之争”的组香名称改成了“芳野”樱花与“龙田”红叶之争的“名所香”。“芳野”就是位于奈良县的著名赏樱之地“吉野”。

“名所香”是有试香的十种香，客人分为春方和秋方，春方代表“芳野”樱花，秋方代表“龙田”红叶，根据答对的人数移动插在竞香盘上的樱花或红叶，首先到达竞香盘正中间的一方获胜。

“连理香”和“炷合香”很早就出现了，但是一般不常举行，是要经过允许才能举行的特殊组香。

以上这十组组香被称为“古十组”，是日本香道史上最早确立下来的几种组香形式。安土桃山时代到江户时代初期，又出现了“中十组”“新十组”“三十组”“五十组”等大量组香。江户时代的后水尾天皇时期，天皇自身爱好香道，亲自创作了许多组香。据说当时的各类组香已经有一百多种。

今天，“古十组”依然可以在各家流派的香会上看到，爱好香道的人们依然有机会参加这些组香的香会。

在今天的香会上，说到组香，人们肯定会想到“证歌”，即代表香会主题的和歌、诗词等古典文学作品。但是“古十组”都没有“证歌”，组香与“证歌”的组合是江户时代才出现的。“古十组”中“宇治山香”和“郭公香”虽然是以特定的和歌为前提，但并不是“证歌”。“小鸟香”和“小草香”要靠随机应变，熟知鸟名、草名才能决出胜负。“竞盘香”等则是通过视觉效果展示比赛的过程。“源氏香”和“系图香”的趣味性在于绘制图案。总之，“古十组”都是没有文学性主题的品香、玩香游戏。通过文学主题展示优美组合的近现代组香是在寻找最高级沉香的过程中逐渐形成的。

（二）其他传统组香的基本形式

“组香”就是把数种沉香组合起来，按照一定的规则，表现古典文学及四季风景等意境的玩香形式。在品闻、确认沉香香气异同的同时，学习、理解组香的主题。如前所述，组香始于室町时代的“十炷香寄合”，后来发展出多种形式，其中最有名的就是“古十组”。江户时代，随着天皇的参与、家元制度的确立，出现了五百多种形式的新式组香，迎来了香道发展的鼎盛时期。到了近现代，各个流派的香人在学习、继承传统组香的同时，还在不断创新更多新的组香，甚至有人尝试改编古典组香。

近现代的组香主要分为两种，回答香名时使用香札的称为“札物”；使用香笺（即“记纸”“手记录纸”）的称为“名乘纸物”。

1. 形式

组香中有试香和无试香之分。如果有试闻的香就要好好品闻，记住香气的特征。猜香时主人会把所有试闻过的香和一个没有闻过的香（称为“客香”）混在一起，打乱顺序，逐一让客人品闻。如果没有试香，则可以通过数量分类或判断香气来确认是否一致。

2. 主题

表现组香主题的文学作品以和歌最多，其次是汉诗（中国古诗）、俳句、词等。另外，有的组香没有这种文学性主题。

3. 组香式

御家流组香式是御家流家元三条西尧山根据古代文字式组香规则，改编而成的现代数字式简略方式。这种组香式只有御家流使用，泉山御流、志野流等其他流派并不使用。

一	各四包试一包	本香十包
二		
三		
ウ	一包	

★“一”“二”“三”“ウ”分别代表四种不同的沉香。

★“一”“二”“三”各准备四包，分别取出一包作为试香。

⋆“ウ”只准备一包，没有试香。

⋆试闻“一”“二”“三”三种沉香后，把三种沉香剩余的三包与“ウ”香合并，一共是十包，打乱顺序，逐一品闻。

泉山御流的组香式是以图表的形式展示的：

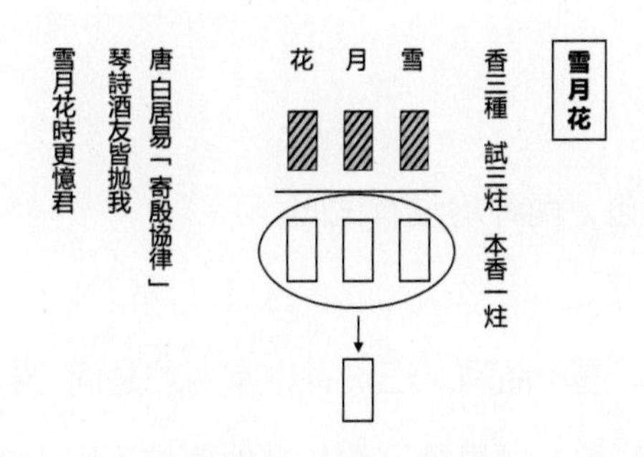

▲泉山御流雪月花组香式

注：带有阴影的长方形代表试香，空白的长方形代表出香。这个组香式代表此组香

“雪”“月”“花”三种沉香各准备两包，各试闻一包。

先按照“雪”“月”“花”的顺序品闻三种香，记住各种香的特点。然后把剩余的三种香打乱顺序，随机抽出一包品闻。根据试闻的香气判断这包是“雪”“月”“花”中的哪一种。

答对的客人以“叶”表示满分。在这里，“叶”并非树叶的意思，而是表示和洽、相合的意思，表示获得了最好的成绩。答错的客人则什么都不标识。

二、组香举例

（一）篱香

1. 香两种

“篱”香准备两包。

“花”香只准备一包，两种均没有试闻。

三包香打乱顺序，逐一品闻。三炉香中有两炉是同一种香，要识别出哪一炉不同于其他两炉。如果第一炉与其他两炉不同，答案就写“朝颜”；第二炉与其他两炉不同，就写“昼颜”；第三炉与其他两炉不同，就写“夕颜”。

2. 打分方式

答对的客人以“叶”表示满分。因为答案只有一个，所以没有其他分数，答错的客人什么都不标识。

这种组香中“花”只有一包，但却是最关键的。如果第一炉就是“花”，表示花开得早，“朝颜”在日语中表示清晨盛开的牵牛花。“昼颜”就是中午开的花，如果第二炉是“花”，答案就写“昼颜”。依此类推，傍晚才开的“夕颜”，表示第三炉是“花”。中午和傍晚开的花各有不同。

（二）红叶香

1. 组香题名

红叶香。

2. 组香证歌

秋朝露满佐保山，游人枫叶见他处。

3. 香木组合

一场香会中，主人就是导演，沉香就是演员，香会主题就是演出内容，导演决定了演出内容后，安排沉香演员扮演不同的角色。

主人决定以“红叶”作为主题后，选用伽罗、佐曾罗、真那贺、寸门多罗、罗国五种沉香。这五种沉香各有其香名，即紫红、浅淡、黄绿、黄栌、深红。根据香会的主题，主人分别给这五种沉香安排了角色，就是秋天叶子变色的五种树木：柞、楸、槭、栌、枫。

“红叶香”组香的香名与香木种类

红叶香香名	香名	种类
柞	紫红	伽罗
楸	浅淡	佐曾罗
槭	黄绿	真那贺

（续表）

红叶香香名	香名	种类
栌	黄栌	寸门多罗
枫	深红	罗国

4. 组香式

柞、楸、槭、栌 —— 各两包试一包
枫 —— 一包
（合计）本香五包

5. 点香品闻

柞、楸、槭、栌四种香木属于配角，各准备两包，取其中的一包试香。枫是秋天红叶的代表，是这个组香里的主角，只准备一包，没有试香。

主人请客人试香时一定要告诉客人“这是第一种试香，柞”“这是第二种试香，楸”。客人在品闻这四种香时一定要尽量记住各种沉香香气的特点。

试香结束后，主人把剩下的柞、楸、槭、栌与枫混合在一起，一共五包。打乱顺序后，逐一请客人品闻猜香，这就是本香。

品闻一炉本香后，客人就在香笺上用毛笔写下自己的答案；五炉全部品闻后，写好答案传交到香会记录人手里。

6. 香会记录

记录人在客人们品香的时候就把香会举行的时间、地点、香会的主题以及主人、客人、记录人的名字等都写在一张Ａ3大小的纸上。客人们的答案传上来以后，记录人要立刻把每个人的答案抄写在这张纸上，然后从主人那里要来本香包，把正确答案写在最前面，并标出每个人的正确答案，最后给所有客人打分。打分时如果用五分、四分等数字表示，显得很没有趣味性，所以组香多用既雅致又有趣味性的打分方式，这种打分方式被称为“下付”。

7. 打分方式

一般的组香，回答全部正确的客人用“皆”表示满分，但是“红叶香”则用“千入”表示满分，表示染一千次才能得到的最红的红色；错了一炉香的客人，得分写成“八入”，表示枫叶颜色浓郁；错了两炉香的客人，得分写成“梢之锦”，表示红叶烂漫；错了三炉香的客人，得分写成“斑红叶”，表示红叶斑斓；只答对一炉香的客人则是“薄红叶”，表示叶子刚刚开始微红；一炉香都没有猜对的客人则用“散红叶”，表示叶子还没有变色就凋零了。答对的越少，分数词语所表示的颜色就越淡。用表示颜色浓淡的词语打分，再画上几片随风飞舞的或浓或淡的枫叶，这张香会记录就变成一幅秋风舞红叶的精美图画了。

8. 赠送香会记录

最后由主人把这张精致的香会记录纸作为奖励赠送给得分最高的客人。如果两位客人获得相同的分数，就会以座次为基准，一般奖给上位的客人。

（三）莺香

1. 证歌

明朝又新春，再闻待莺声。

2. 组香式

松　四包试一包、本香三包
竹　四包试一包、本香三包　｝前段　本香三包
梅　四包试一包、本香三包
　　　　　　　　　　　　　　　　　　　｝后段　本香七包
莺　本香一包

3. 香木组合

“莺香”组香的香名与香木种类

莺香香名	香名	种类（略号）
松	松籁	伽罗（一）
竹	竹之宿	佐曾罗（花一）

（续表）

莺香香名	香名	种类（略号）
梅	雪之梅	罗国（二）
莺	初莺	真南贺（三）

4. 点香品闻

以“松”“竹”“梅”命名的香木各准备四包，各取其中一包试闻。此组香分前、后两段，前段试闻过“松”“竹”“梅”三种香后，把三种香（九包）打乱顺序，任取其中的三包品闻；后段用剩下的“松”“竹”“梅”，加上一包“莺”，一共是七包，打乱香木顺序，逐一品闻。后段品闻时，一炉香之后，马上就要回答香名。同样，品闻第二炉之后，也要马上回答香名。一旦出现了没有试闻过的“莺”香，香会就到此结束了，无论后面还剩下多少香，都不再品闻。这种品一炉答一炉的形式，在日本香道界称为“一炷开”。

5. 打分方式

这组组香里用黄莺的雅名“金衣公子”表示全对。前段全部正确的人，用“岁寒三友”一词表示，全错的人用“花之宿”表示。后段全部正确的人，用“三寒四温”表示，全错的人用“埘”（墙上挖洞做成的鸡窝）表示。只猜对“莺”香的人用“一声”表示听到了春天的莺啼，全都猜错的人用“静候初音”（初音即黄莺的第一声鸣叫）表示。

6.组香说明

和歌作者素性法师（生卒年不详）是平安时代，即9世纪后半期至10世纪初的著名和歌歌人，是僧正遍昭之子，俗名“良岑玄利”。擅长为屏风画作和歌，歌风被评价为“轻妙洒脱”。他是三十六歌仙之一，有六十多首和歌入选《古今集》和其他“敕撰集”（受天皇命令编纂的和歌集），并有个人诗集《素性集》。素性法师与宇多天皇和醍醐天皇关系密切。

这首和歌是醍醐天皇时期，素性法师根据屏风画创作的和歌，大致意思是：新年伊始，在正月的清晨里，已经迫不及待地想听到黄莺的一声鸣叫。这首和歌表达了诗人盼望春天到来的心情，是一首新春和歌。

前段组香只用岁寒三友“松”“竹”“梅”三种香，寓意一种顽强的生命力；后段组香加一个“莺”，表示殷切期待报春鸟的一声鸣叫，带来鸟语花香的春天。所以后段的组香中采用“一炷开”的形式，闻完一炉香马上就回答。一旦出现“莺”香，香会就结束，无论“松”“竹”“梅”还剩余多少。

另外，前段中本香使用三种沉香，后段中本香使用四种香木，表示初春时节，乍暖还寒的“三寒四温”气候。主人精心设计的香名、香木组合是为了让客人在淡雅的香气中理解古人的诗歌，想象初春的情景，实在是别有一番情致。

莺也称“黄莺”，就是被称为“报春鸟”的黄鹂。这种鸟披着一身金黄色的羽毛，头后、两翼和尾部都镶着一些黑纹，因此又有“金衣公子”的雅名。“莺歌燕舞”描写的就是春暖花开时节的黄鹂，它的鸣声婉转多变，清脆而有韵调，雌雄双双穿飞在红花绿叶之间，有声有色，非常惹人喜爱。黄莺除了有“金衣公子”的雅名以外，在日语中还有很多别名和雅名，如金衣鸟、春告鸟、报春鸟、春鸟、歌咏鸟、香鸟、经读鸟、人来鸟、百千鸟、禁鸟、花见鸟、法吉鸟、黄粉鸟，等等。

组香“莺香”中回答全部正确的人用“金衣公子”打分，具有浓厚的文学色彩。全部猜错的人用“无初音”或“等待初音”表示，意味着还没有听到莺语，春天还没有到来。“初音”即黄鹂初春时的第一声鸣叫。

（四）十种香

香四种：“一”“二”“三”各准备四包，每种试闻一包；“客”香准备一包，没有试闻。三种沉香各试闻一包后，将剩余的九包与“客”香混在一起，打乱顺序，逐一品闻。最后以香札回答“一”“二”“三”香以及“客”香出现的顺序。

（五）十炷香

1. 香四种

“一”“二”“三”香各准备三包，“客”香准备一包。没有试闻，十包香打乱顺序，逐一品闻。

第一炷香以“一”为标记，随后出现与第一炷香相同的香都以“一”来表示。如果第二炷香与第一炷香不同，就用“二”表示；第三炷与前两炷不同时，就用“三”表示；出现了与前三种不一样的香时，就用“客”表示。

按照“一”“二”“三”“客”（或“ウ”）的顺序标记前四炷香以后，很有可能会出现“客”香并非一包的情况。如果这个“客”香有三包，那么最先的三炷香“一”“二”“三”中肯定有一个只有一炷，没有相同的。只有一炷的这炉香就是主人事先准备的客香。

打分时，只要同一种香用同一种标记表示就算正确。“十炷香”无论是品闻还是打分，都比“十种香”难度要大得多。例如：

主人出香顺序：一、客、三、三、一、二、二、二、三、一。
客人甲的答案：一、二、三、三、一、客、客、客、三、一。
客人乙的答案：一、二、三、二、客、客、二、一、客、一。

虽然客人甲与正确答案标记的符号不同，但是他分辨出四种香木的异同了，所以他的回答全部正确；而客人乙只有第一炷和最后一炷正确，其他都错了。

2. 组香说明

一般来说，把带有试香的称为“十种香”，没有试香的称为“十炷香”。这两种组香本质上属于同一种，是香道组香的原型。

“十种香”和“十炷香”在志野宗信时期就已经出现了，当时统称为“十种香”，后来建部隆胜提出了“十炷香”的说法。再后来，米川常白根据细川幽斋总结的“古十组”，提出了新的“十种香”，即十种组香。米川常白的“十种香”中有一种名为“十炷香”。这个“十炷香”没有试香的组香，和今天志野流的“十炷香”相同。米川常白的“十种香”后来又经多次修改，最终确立为今天志野流的“内十组”。“内十组”中包括没有试香的“十炷香”和有试香的“十种香”。

“十种香”的演变

细川幽斋的“十组香”	十炷香、花月香、宇治山香、小鸟香、小草香、郭公香、系图香、源氏香、乌合香、十种香炷合
米川常白的“十种香”	十炷香、花月香、宇治山香、小鸟香、小草香、源氏香、名所香、矢数香、竞马香、连理香
志野流的“内十组”	十炷香、花月香、宇治山香、小鸟香、小草香、源氏香、名所香、矢数香、竞马香、十种香

无论是“十种香”还是“十炷香”，都有一包客香，也标记为“ウ”。“ウ”就是“客”字的简写。据《香道兰之园》记载，“三三九叶加一花，成为十炷香”，即“客”香一定要用最高等级的名香。所以，参加“十炷香”的香会时，如果不等“一、二、三”种香都出来就以香气好坏来判断哪个是“客”香，是比较容易出错的。

（六）云月香

1. 香三种

“月”香准备两包，试闻一包。

“晓云”香准备两包，没有试闻。

“夕云”香准备两包，没有试闻。

试闻“月”香之后，将剩余的一包与“晓云”香和“夕云”香混合在一起，打乱顺序，逐一品闻。根据“月”香出现的顺序，按照规则写答案。如果第一炉就是试闻过的“月”香，那么答案就写“三日月”；如果第二炉是“月”香，答案就写“待宵”；第三炉是“月”香，答案就写“望月”；第四炉是“月”香，答案就写“十六夜”；第五炉是“月”香，答案就写“残月”。

2. 打分方式

全部答对的客人以“云月”表示满分，其他的客人以“一”“二”“三”表示成绩。

虽然日本各个香道流派的传承不同，但是每个流派都吸收了来自古代香人们的智慧，许多古代传承下来的组香都被各个流派共同使用，像“十炷香”“源氏香”等。

第四章 日本著名香人及其著作

一、佐佐木導誉（1296—1373）

本名佐佐木高氏，属于宇多天皇后裔的源氏一族，因封地在近江国（现在的滋贺县）佐佐木地区，所以也称佐佐木源氏。佐佐木一族本家在京都的宅邸位于六角地区。而佐佐木高氏所属的分家宅邸位于京极地区，所以后人也称他为“佐佐木京极”。“導誉”是他1326年出家时的法号。史料记载中多出现“道誉”的写法，但他本人署名时则只用“導誉”。

他生活在日本镰仓时代末期至室町时代。这段时期中日本曾同时出现了南、北两个天皇，并有各自的传承，是日本历史上一段分裂时期，被称为南北朝时代，佐佐木導誉就是这个时代最著名的武将之一。后醍醐天皇的“建武新政”未能得到武士们的支持，佐佐木導誉与足利尊氏便一同离开，辅佐足利尊氏推翻镰仓幕府，开创了室町幕府，曾兼任政所执事与六国守护的职务。

日本南北朝是个浮躁的时代，一些武将自认为是新时代的创造者，所以很叛逆，不断抵制旧的势力（如公家）。他们改变自己的生活方式、审美意识，身着华丽的装扮、行为特异，在吸收旧文化的同时创造新的文化，这些人被后人称为“婆娑罗”大名，佐佐木導誉就是其中最著名的一个。佐佐木導誉虽然我行我素，但也十分热爱传统文化，经常组织、参加各类高雅的聚会，是日本传统茶道、花道、香道、连歌等传统艺道的保护者，对这些艺道发展有很大的贡献。

佐佐木導誉是一个文化修养很高的武将，他使日本的香文化从贵族阶层开始向武士阶层发展开来。佐佐木導誉与名香在前文已经有所提及，前文提到过的《太平记》中就记录了大量佐佐木導誉的逸事，他对香木十分痴迷，其中他收集的“一百八十种名香”更是对日本香道的发展产生了极其深远的影响。佐佐木導誉去世后，他收藏的名贵沉香被第三代将军足利义满收藏，并最终传给了第八代将军足利义政。后来足利义政命令三条西实隆与志野宗信分类、整理他遗留的一百八十多种名香，最终选出了流传至今的“六十一种名香”。可以说没有他的积累，就没有后世香人对沉香深刻的认知。由此可见，佐佐木導誉对于后世日本香道的形成有着不可替代的贡献，作为服务于天皇家族的日本皇家香道流派泉山御流就是奉佐佐木導誉为始祖的。

二、三条西实隆

1455—1537年，法名尧空，号逍遥院，室町时代的名门贵族。1506年升任“正二位内大臣”，官至贵族阶层的最高级别。他通晓“有职故实”（又称“有识故实”，是在儒学明经道、纪传道的影响下出现的对日本历史、文学、官职、朝廷礼仪、装束传统进行考证的学问），精通古典文学、和歌、连歌，并从著名的连歌大师宗祇（1421—1502）那里承袭了中世纪和歌界的最高秘传——“古今传授”（研究赏析《古今和歌集》中和歌奥义的学问）。

三条西实隆的日记《实隆公记》中记载，他曾多次参加宫中举行的香会，如“十炷香吞酒夜更”“十炷香大酒终夜”等。他还受命书写香会上用的“香札”（猜香时提交的答案）。他的代表作《雪月花集》是一本名香集，其中提到名香“兰奢待”。相传三条西实隆本人就收集了六十六种名香。尽管至今还没有史料可以证明他确立了香道的具体形式，但是他对志野宗信等人的指导无疑对草创期的香道产生了很大的影响。

三、志野宗信

1443—1523年，香道志野流的创始人，通称“三郎左卫门”，号松隐轩，据说出生于奥州白河（今福岛县），曾居于京都四条地区。志野流第四代传人蜂谷宗悟（？—1584）的《香道规范》中说“东山义公近习，志野流香道元祖”，也就是说志野宗信是足利义政的近臣，志野流香道的始祖。当时的将军足利义政热衷于闻香、品茶、插花等文化艺术，但却极其厌烦当时社会上流行的娱乐色彩很浓的有奖形式的赛香会，于是命令身边文化水平最高的武士志野宗信开创了一种新的香道仪式。志野宗信就拜三条西实隆为师学习香道奥义，不仅获得了香道真传，还学到了只在贵族之间传承的古典文学知识和典章制度等。三条西实隆耐心地传授宫廷里的用香仪式，同时还对志野宗信和宗祇、肖柏、村田珠光等人研究开发的香道仪式提出了许多建议，又帮他们增加了一些“薰物”香会的内容。

据《宗信名香合记》（1502）记载，1500年5月29日，志野宗信在家中举办了一场香会，歌师牡丹花肖柏、归牧庵玄清等十人都参加了。三条西实隆在香席上担任裁判，牡丹花肖柏担任香会记录人。志野宗信把自己的一些香道心得及香道传承秘事记录在《志野宗信笔记》里，即《宗信笔记》或《香记八十八条》。

四、志野宗温

1477—1557年，志野宗信之子，志野流第二代传人，又名志野又次郎祐宪，号参雨斋。门下有武野绍鸥、曲直濑道三、细川幽斋、三好长庆、松永久秀、蒲生氏乡、里村绍巴、建部隆胜等许多优秀的香人，其中武将居多。志野宗温著有《参雨斋香之记》，原版本已经失传，现在所看到的都是后人抄写的，有被修改过的痕迹。其主要内容有“香木名称、解说、六国之别、香之阴阳之事、炷合之事、香炉置合、香炉条条”等。这本综合性的香书花了长达半个世纪（1532—1591）才完成。

五、建部隆胜

生卒年不详，江州建部城主，号留守斋。出生于近江国（今滋贺县），是一名曾跟随织田信长征战的武将，也是志野流第二代传人志野宗温的高徒。建部隆胜对日本早期香道形式的确立做出了卓越成就。遗憾的是有关建部隆胜的生平资料非常少，只有一部《建部隆胜香之笔记》是他1573年送给堺市茶人和泉屋道甫的香道学习心得，内容包括香道用具、传统礼仪、香木分类等三十三个项目，同时还列举了“六十一种名香”，是日本香道史上的首创。他最大的贡献就是提出了“伽罗、真南蛮、罗国、真那贺、新伽罗”的沉香分类方法，为日本沉香分类标准“六国五味”的形成奠定了基础。

建部隆胜对香道的造诣之深受到老师志野宗温的赞赏。志野宗温在《参雨斋香之记》中说，以前人们都是根据香名来区别香木，而建部隆胜参考相阿弥的书籍，按产地对沉香进行了分类。

江户时代的志野流香人、香道研究家关亲乡（生卒年不详）在他的《香道真传》中赞叹道："看到隆胜的书以后才知道，宗信并不好组香，隆胜才是组香的真正创始人。他曾亲自设计出多种组香献给皇室，他才是组香的集大成者。常白（米川常白）提出的'十种香'等组香，其实多数都是隆胜创作的，遗憾的是隆胜的这些功绩不为世人所知啊。"可见建部隆胜对组香的形成、香道的传承及宫廷的香事都做出了很大贡献。

志野流第四代传人蜂谷宗悟在《香道规范》一书中也特意提到书中的很多内容都是建部隆胜教授给他的。18世纪后期至19世纪前期活跃在香道界的志野流香人藤野春淳（？—1813）在《香道打闻》中记载：志野流第三代传人志野省巴认为香道只是一种娱乐形式，不是可以引以为豪的艺术，决定退出香道界，回老家东北地区。在他退隐之前曾打算把志野流交付给建部隆胜，然而建部隆胜以身为武将无法承担此重任为由加以推辞，并推荐自己的得意门徒蜂谷宗悟继承了志野流。

建部隆胜的香道门下有千利休、织田有乐、蒲生氏乡、前田玄以、津田宗及、蜂谷宗悟、细川忠兴、里村绍巴、和泉屋道甫、坂内宗拾等当时一流水平的文化人。他的香道理论对志野流及江户时代出现的米川流等各家流派都产生了很大影响。志野流第四代传人蜂谷宗悟在《香道规范》中特别强调书中的许多内容都来自建部隆胜的传授。

六、蜂谷宗悟

？—1584年，志野流第四代传人，号休斋。蜂谷宗悟年轻时随茶人武野绍鸥习茶，跟建部隆胜学香。志野流第三代传人志野省巴在退出香道界前采纳了建部隆胜的建议，把志野流香道全部传给蜂谷宗悟。从此，志野流就一直由蜂谷家族世世代代传承下来。蜂谷宗悟被指定为志野流第四代传人后，一直致力于志野流香道的传承与发展。他的代表作《香道规范》是一部介绍香道流程、仪式、做法、典章制度的百科全书。其中的“宗悟辑录”收录整理了一些香道草创期的规范，以及志野宗信传授给志野宗温的香道秘事（后来由建部隆胜整理记录），曲直濑道三写给建部隆胜的书简，点香礼法“空炷”与“继炷”的注意事项，等等。另外，这部书中还介绍了闻香炉的理灰、造型的方法，以及如何掌握火候、制作炭团的方法，等等。

《香道规范》一书中提到的香会主要是“十种香”香会，说明当时还处于“十种香”香会向组香香会发展的过渡阶段。此书的最后部分还附有蜂谷家族的香道传承书籍，即《蜂谷流香式》《蜂谷家炷合香式》《蜂谷香道大意》等。这些香书是研究蜂谷家确立“家元”制度的重要史料。蜂谷宗悟还应越前（今福井地区）武将朝仓氏的请求，写过一册《宗温笔记》。

七、蜂谷宗荣

？—1728年，号杨山（或阳山），志野流第八代传人。蜂谷宗荣与儿子蜂谷宗先一起确立了志野流香道的“家元”传承制度，并着手编辑《香道个条目录》，最后由第九代传人蜂谷宗先完成。此书是一本内容丰富的香道集大成之作，对后来的香道发展影响很大，内容包括香木和香道具的说明、香道的礼仪做法、香道心得及组香的解说，等等。

八、蜂谷宗先

1693—1739年，志野流第九代传人，通称“丈助”，号葆光斋。蜂谷宗先是确立香道“家元”制度的重要人物。他不仅与贵族、武将等上流社会交往很深，而且致力于向市井、商人等下层社会普及香道。他的不懈努力使志野流的香道进入了空前繁荣、高速发展的鼎盛时期。当时他的门下诞生了许多著名香人，如藤野昌章、江田世恭、玉井弘章等。蜂谷宗先有一本自问自答形式的香道著作——《香道惑问》。

九、曲直濑道三

1507—1594年，本姓堀部，名正盛、正庆，字一溪，号虽知苦斋、盍静翁、翠竹庵。出生于京都，曾在相国寺剃发出家，后来跟随名医田代三喜钻研医学，成为室町时代末期至安土桃山时代的名医和医学教育家。他的医学活动和医学思想对后世日本医学产生过深远影响，被誉为日本医学的中兴之祖。曲直濑道三通晓茶道和香道，曾跟随志野宗温学习过香道。茶人山上宗二在《山上宗二记》中记载，曲直濑道三曾经从“公方”（指朝廷或将军）得到过名香“兰奢待”。的确，《天王寺屋会记》中也记载，著名茶人津田宗久曾经从曲直濑道三那里获得过一小块“兰奢待”。

十、伊达政宗

1567—1636年，安土桃山时代日本本岛东北地区的地方领主，江户时代被封为仙台藩藩主。因幼年时右眼失明，人称“独眼龙政宗”。伊达政宗精通书法、诗歌、茶道、能剧等。

《贞山公治家记录》是一本记录伊达政宗一生主要事迹的书籍，其中提到1626年7月24日，伊达政宗在京都三条的仙台藩驻地举行了一场“十种香”香会，香会的主宾是贵族最高级别的关白——近卫信寻，其他客人有一条兼遐、乌丸大纳言光宏、阿野中纳言实显卿、西洞院宰相时庆、入道圆空等十三位贵族高官，都是当时京都上流社会的文人雅士。香道史学家神保博行在《香道历史事典》中提到在一次偶然的机会中发现了这场香会的相关记录，现在被私人收藏。根据神保博行的分析，这应该是日本香道史上现存的最早的一张香会记录，其香会内容与《贞山公治家记录》中记载的内容完全一致。遗憾的是这张已经被裱糊成挂轴的香会记录，香会名称及沉香香名的部分被裁剪掉了，但是上面清晰地书写了当天参加香会的所有客人的品香成绩。其中西洞院宰相获得最高分六分，其次是近卫信寻和伊达政宗各得五分，四分得主最多，共有五人。

这张香会记录更加明确地说明了日本最早的组香形式就是“十炷香”或“十种香”，以文学典故等为主题的今天的组香形式至少是在安土桃山时代以后才开始出现的。通过这张香会记录，我们发现早期的组香香会就已经出现了香会记录，而且形式和内容与当代香会的记录几乎完全相同，可见香会记录的形式确立之后就一直没有改变过。

在当时，伊达政宗作为一名地方藩主，在京都能组织一场高级贵族、文人雅士共同参加的高水平香会，说明他不只是一名有勇无谋的武将，他的香会成绩也证明他的品香、辨香水平与其他文人雅士不相上下，已经达到了一个很高的境地。从当时上流贵族之间的往来书信中，我们还发现伊达政宗在京都滞留期间，曾向数位亲王赠送过伽罗等级的名香，这些贵族们也回赠他以祖传秘方制成的各种“熏香”。伊达政宗能与上流社会交往密切，证明他已经具备文人雅士应有的文化修养，并得到上流贵族社会的认可。

自从镰仓时代武士阶层掌握政权之后，各个时代的高级武将们都热衷于学习茶道、香道、歌道等传统文化。室町时代以后，努力提高个人文化修养的武将更是络绎不绝，于是就出现了如伊达政宗、细川幽斋、细川三斋父子这样能够与名门贵族、文人雅士平起平坐、交流切磋的文化修养极高的武将，这也是“一木三铭”名香能诞生的原因所在。“一木三铭”中“紫舟”这个香名就是伊达政宗命名的。

十一、细川幽斋

1534—1610年，原名细川藤孝，号幽斋、玄旨，室町时代后期至江户时代初期的武将，文化修养极高。细川幽斋曾服侍于室町幕府的第十三代将军足利义辉(1536—1565)。足利义辉被暗杀后，他又拥立足利义昭(1537—1597)为将军，但最终与其决裂而臣服于武将织田信长。织田信长死后，细川幽斋就剃发出家了。细川幽斋精通和歌、连歌等歌道，并继承了贵族二条家流派的歌道，获得中世纪和歌界的最高级别的秘传——“古今传授”(解释及赏析《古今和歌集》中深奥神秘之处)。不仅在古典文学方面，他在茶、香方面的造诣也很深。细川幽斋晚年以汉文的形式写成了一部《香之记序》，内容包括“香之传来、中国香书、日本名香合”等。书中列举的组香是目前为止最早的十组组香，日本香

◀细川幽斋像

道界称为“古十组”（针对后来出现的著名的十组组香）。其子细川忠兴（1563—1646）也是一名文化修养很高的武将，号三斋，精通能剧、和歌、连歌、茶道和香道。他曾跟随建部隆胜学习过香道。“一木三铭”名香的“初音”之名就是细川三斋在品闻之后命名的。

十二、米川常白

1611—1676年，米川流的创始人，俗名小红屋三右卫门，是江户初期皇宫专用胭脂化妆红粉的承办商。米川常白在少年时代曾跟随相国寺的芳长老学习闻香，尤其擅长沉香的辨别。后来随志野流的建部隆胜、坂内宗拾学习香道。据说他一生参加过无数次香会，从没有猜错过。米川常白学成之后，曾在京都向许多市井、商人传授香道。

因为经常出入宫廷，米川常白有机会接触宫廷的用香文化，后来得到后水尾天皇和皇后东福门院的信任，成为皇后的香道老师。他曾将与皇后的问答写成《女御御问书米川常白答书》，另外还著有《米川常白香道秘传抄》《六国列香之辨》等。其中《六国列香之辨》对“六国五味”的分类方法进行了详细解说和分析，终于确立了日本香道对沉香的分类标准。另外，这部书中还提及名香的点香方式、香炉的装饰方法等。米川常白在香炉的炭火、炉灰、香席的仪式礼节方面造诣颇深。他的香道理论和礼仪规范对志野流等香道流派都产生过很大影响。米川常白的门下虽然只传承了四代，但是米川流却是江户时代一个重要的香道流派。江户末期曾出现过《米川流香之书》《米川十组私记》《香道秋之园》《香道难波之春》《米川当流极秘卷》《香道百千鸟》等米川流的传承书籍，但是明治以后逐渐衰落，现已失传。

十三、空华庵忍恺

1670—1752年，本姓菅原，号惠南、忍恺子。江户时代中期的天台宗僧侣，米川流香人，师从西村实闲斋学习香道。著有《十种香暗部山》《香会余谈》等香道书籍。《香会余谈》成书时期，日本香道的基本形式已经确立，作者以问答的形式详细介绍了关于香道的基本内容，其中包括香道传来的历史，香道发展简史，名香“东大寺”和“法隆寺”的由来，香灰造型中“真、行、草”形式的异同，十种香箱的使用规范，志野流与米川流香道道具的异同，香道具“莺串”的由来，香台和香筯建及香札的使用规定，沉香片的外包和小包，香盆和香包纸的用法，以及著名的“一木三铭”名香的由来、源氏香图、香道流仪等。另外还有西村实闲斋、荻寿仙、亲光等香人的逸事，西村实闲斋的香道具，米川常白的传记，千鸟香炉的由来，灰、炭团、银叶的制法，闻香炉正确的使用方法，六玉川（古诗歌中常见的井手、三岛、野路、高野、调布、野田六条河流）的由来，志野流和米川流的发展现状，“系图香”和“十炷香”的形式等。内容丰富，讲解翔实，堪称一部完整的香道教科书，在日本香道研究方面具有很高的史学价值。

《十种香暗部山》是空华庵忍恺于1729年写成的一部香书，现存多种版本。上卷是对“古十组”的解说，下卷是“香筵玩具”，以插图的形式对“盘立物”等各种香道用具进行了详细说明。另外还附有源氏香之图。值得注意的是，此书中介绍的香道具中首次出现了“试香盘”。

十四、菊冈沾凉

1680—1747年，江户时代中期的俳句诗人，《香道兰之园》的作者。原姓饭名，后来因为过继到菊冈家，于是改姓菊冈。原籍在伊贺上野（今三重县），移居江户（东京）神田地区后，一家以卖药为生。因生活所迫改行跟随金工名人柳川直光学习金属加工，开始制作刀剑用具，出了一些名品，小有名气。菊冈沾凉还是俳句诗人内藤露沾的门生，著有江户时代的地方志《江户砂子》等二十多部作品。

菊冈沾凉的兄长菊冈晴行曾跟随著名香人栗本稳置（生卒年不详）学习过香道，栗本稳置是香人山下弘老人（生卒年不详）的学生，而这位山下弘老人是江户香道鼻祖铃鹿周斋（生卒年不详）与衣山韧负丞宗秀（生卒年不详）共同培养出来的香人。铃鹿周斋原本是京都贵族的侍从，跟随贵族们学习香道，后来移居江户，与投奔他的香人衣山韧负丞宗秀一起共同努力在江户地区传授香道。他们两个人都极力尊崇古代的香道做法，反对创新，不主张创制新的组香。他们的教义对菊冈兄弟的影响非常大，所以菊冈兄弟没有创立自己的流派，而是一心钻研香道古法。1737年，菊冈沾凉与兄长菊冈晴行共同完成了一部香道百科全书——《香道兰之园》（十卷）。

这部香道著作内容丰富、系统完整、条理清晰，在日本香道史上占有重要的地位。第一卷总论香的传来、香十德、组香、香规矩、“十炷香”之方式、香元手前、道具解说、香席法度等。第二卷至第九卷详细解说了古代传承下来的二百三十四组组香。第十卷是香道用具的图解与说明，名香目录、名香古歌古诗、合香目录、香袋目录等。最后的附录中还收录了二十六组新组香。组香数量之多，可信性之强是这部著作的一大特点。其中大部分组香都是香道形成初期的作品，从中可以看到组香刚开始与古典文学相结合时的一些特点。菊冈沾凉多次强调书中的香道内容不同于志野流、米川流，因此他们传承的应该是御家流的香道。

这一时期，无论是香道的基本形式还是香人的修养境界都达到了历史最高水平，是日本香道发展史的鼎盛时期。也正是在这样的历史背景下，菊冈沾凉兄弟才得以在前人的基础上完成了这部集大成之作。

十五、大枝流芳

生卒年不详，江户时代中期御家流香人。原名岩田信安，号攸然、漱芳、青湾（因居住的地方称“青湾”）。出生于大阪的富豪家庭，通晓各种文化艺术，精通文史器具，熟知茶道和茶具，翻译过中国茶书，著有日本第一部煎茶（蒸青绿茶）指南《青湾茶话》及《雅游漫录》，对日本煎茶道发展贡献很大。大枝流芳曾跟随志野流和米川流的传人学习过香道，后来随大口含翠（生卒年不详，御家流第十二代传人）学习御家流香道。他通晓香道各主要流派的历史传承，并将各派融会贯通，发扬光大，创建了自己的流派——大枝流。从1731年开始，大枝流芳以一年一本的速度相继出版了《香道秋乃光附香志》《香道千代乃秋》《香道泷之丝》《香道拾玉》《改正香道秘传书》《香道轩乃玉水》《香木达味考》《古十组香秘考》《校正十炷香之记》《十组香外包和歌》《名香合式次第》《名香合手前记》等十二册香道书籍，是日本香道界前所未有的创举。除此之外还有《御家流香道百条》等其他香道书籍。

《香道秋乃光附香志》分上、中、下及附录，一共四册，辑录了一些香道具中盘立物的图及古组十品等。

《香道千代乃秋》成书于1733年，分为上、中、下一、下二，一共四册（下二成书于1736年）。上卷解说了“中古有来组香目录”“香棚装饰图”“香元装饰图”“香道具名目”“六国之香之事并五味之香”“香十德”“香道宗匠”“香席法度”“香道三二条”“名乘纸忍”“组香盘立物之图”。下卷收录了三十组新组香。

《香道泷之丝》成书于1734年，分为上、下两卷，收录了“米川流香道具图式”“同流十组香包纸图式”“盘立物寸法图式”“源氏香图及古组香十品”。

《香道拾玉》成书于1745年，收录了其他各种书籍中关于香道的内容。

《改正香道秘传书》，别名《香道秘传书校正》，1739年出版，由大枝流芳校正，一共两卷，另附录两卷。这部书整理校正了《雪月花集》《志野宗信笔记》《香合式》《宗温六十一种香名》《宗入香炉图》《建部隆胜香之笔记》《十组香之记》《香之记》等几部安土桃山时代的香道传承书。附录《奥乃志保里》则是以上各部著作的考证内容。

《香道轩乃玉水》成书于1736年，分为上、下两卷，概要地介绍了“新形香火道具图式”“新组香十品”。附录“名香名寄”是一张名香一览表，证明当时社会上出现并流行这种“名香排行榜”。

《校正十炷香之记》，另有附录一卷，主要考证了“古十组”组香的内容。

《十组香外包和歌》，也称《十组香之和歌》，也是关于十组组香的内容。

大枝流芳之子兰台分类整理了父亲收集保存的香料，并记录在《偷闲记闻》一书中。这本书中有一条关于火道具“灰押”的内容，“当流用鬓板形”“志野流是圆形”“米川流是折扇形”。从他的记叙中可以看到，当时的御家流香人称自己的流派为“当流”，而香道界称大枝流芳的流派为大枝流或岩田流，是御家流各流派中非常重要的一个流派。这是因为御家流香道基本原则的《御家流香道百条》实际上就是在大枝流芳提出的御家流香道规则的基础上制定的。

十六、藤野昌章和藤野春淳

藤野昌章，生卒年不详，曾随志野流宗匠蜂谷宗先学习香道。18世纪后半期一直作为志野流香道的高级顾问，帮助、扶持第十代传人蜂谷胜次郎（1722—1748）和第十三代传人蜂谷丰允（？—1812），对志野流香道的普及、推广做出了很大的贡献。

藤野昌章的孙子藤野春淳（？—1813，也称“朴翁专斋”，雅号得意庵）继承了祖父传授给他的茶道、香道知识，总结整理之后于1780年写成了《香之茶汤三十六段》和《附录古人作例二十段》两部茶香书籍。其中《香之茶汤三十六段》说明了茶道与香道一起向具体化、样式化发展，是茶文化与香文化相互结合时期最具代表性的著作。

藤野春淳还著有《香道个条总目录》《大外组闻书》《炷继式传书》《六国传书辩解》《盘物十组闻书》《三十组闻书》等多部香道书籍。

十七、关亲乡

生卒年不详，别名关弥五郎，号任任斋。江户时代中期的志野流香人，著名香道研究家，著有《香道真传》上、下两卷。此书上卷包括香道发端、志野流香家之传、香道大意、十组之习；下卷包括六国之解、阴阳之论、五味之辨、香之香会之事、一种闻并继香之传等。

十八、从香舍春龙

生卒年不详，活跃于18世纪中期香道界的米川流香人。著有《香道麓之里》《春曙》《香道梅乃指南》《香道深山雪》《从香舍秘说》《米川十组香私记》等多部著作。

一、《香字抄》

据传是平安时代的僧侣遍知院成贤（1162—1231）所撰，成书年代不明，大约在平安时代后期（11世纪末期至12世纪初期）。汇总了各类经典文献中关于香的内容，记录有沉香、白檀、旃檀、麝香、青木香、安息香等多种香料的名称。

二、《体源抄》

作者为丰原统秋（1450—1524），成书于1512年。本是一本音乐书籍，但其中有一项“香炉口传事”，介绍了各种香炉，还特别提到了闻香炉。另外还提到使用薄云母片的“隔火薰香”方法。这些内容都是日本香道史上非常重要的文史资料。

三、《香道贱家梅》

作者为牧文龙（生卒年不详），据推测可能是御家流的香人。此书作于1748年，继十五年前成书的《香道兰之园》，这本书也是一部综合性的香道大百科全书。这两本书标志着18世纪中叶日本香道已经从理论上趋于完整。另外值得赞叹的是《香道贱家梅》一书拥有精美豪华的装订，端庄秀丽的字迹，色彩华丽的绘画，无论是书法还是绘画都出自专家之手。《香道兰之园》有数个写本，但是《香道贱家梅》只有一个写本，而且保存状态非常好，据推测可能属于私人订制的书籍。其内容大体与《香道兰之园》相似，第一卷包括香十德、香书目录、香道用具的说明及使用方法、香主人点香的手法、香会记录、客人的注意事项等；第二卷至第十二卷解说了二百三十一种组香的内容；第十三卷和第十四卷则是香道的各种用具及盘物图；第十五卷则介绍了一些关于香道宗师、名香闻之传、木所说（香木产地）、五种香、香合式、名香目录、薰物、香袋法、名香名寄（名香一览）、名香古诗古歌等内容。

四、《南方录》

据传是茶道祖师千利休的高徒、安土桃山时代京都大德寺的僧侣南坊宗启（生卒年不详）所著，所以称之为《南方录》。现存最早的版本是1690年由福冈藩的武士立花实山（宗有）编辑出版的。这本书是唯一一部论述千利休茶道思想的书籍。除了茶道内容以外，书中还有一些千利休关于茶室用香的内容和焚香体会等。如香会之事、香盒的使用方法、香的包装方法、炭火的调整方法、香炉的使用方法、香道具的配置图及香道具的使用方法等。

五、《香道宿之梅》

作者上野宗吟，成书于宝历年间（1751—1763）。分为上、下两卷。上卷主要是关于香席的内容以及各种香道具的摆放和使用方法。下卷图文并茂，介绍了车争香、深山香、蓬莱香、残月香、千引香、樱香、三舟香、二哥香、前栽合香、十三夜香等新十组组香。

六、《香之书》

成书于1603年，作者是当时的著名香人池三位丸（生卒年不详）。内容与之前的香道书籍大致相同，但是关于“五色”“五味”的论述比较新颖，是其他香道书籍中所没有的。

七、《古今香鉴》

江户时代的香道典籍，一共五卷，其中一部分有彩色插图。第一卷介绍了香木和香名，第二卷说明了香道具的形态及香炉的使用方法，第三卷具体解释了香席上的做法、香道具的使用方法和主要的几种组香方式，第四卷则是一些关于组香的内容，第五卷是茶席上用香的方法及室町时代与香有关的事情。当时社会上出现了一些带有简单插图的香道书籍，与之相比，这本书的插图精美，描绘细致，堪称一部高水平的香道典籍。

八、《闻香之目录》

作者不详，成书于1681年。分上、下两卷，上卷是组香集，收录了“古十组”中的主要组香，如十炷香、花月香、源平香、系图香、小鸟香、小草香、宇治山香、子规香等；下卷是关于各组组香内容的记录。

九、《奥之橘》

成书于1775年，由大同楼维休著，也称《香道奥之橘》。分为“花”“鸟”“风”“月”四卷，收录了一百五十组组香，是一部米川流的组香专集。

十、《增补名香录》

成书于1835年，是由志野流第十五代传人蜂谷贞晴（宗意）辑录的两千八百多种香名，并详细介绍了各种名香的特点，由武山勘七郎书写。

十一、《闻香提要》

由近代御家流宗家三条西尧山（1901—1984）所撰，是一部解说组香内容的香道书籍。三条西尧山首次使用阿拉伯数字表示组香的组合，是现代香道史上的一大创举。以前所有的香书都使用汉字解说组香的内容，非常烦琐，难以理解，这种被称为“组香构造式”的阿拉伯数字表示方式使组香的形式和内容一目了然，对现代人理解组香很有帮助，有利于香道的普及与推广。

第五章 日本香道与茶道

在日本传统文化中，香道与茶道是一对同宗同源的文化艺术。香木与茶叶都是随着佛教传入日本的，但香木早于茶叶，是与佛教同时传入日本的。虽然二者传入日本的时期不同，但是在室町时代，两者被统称为“茶香”，经常同时出现在文献资料当中。后来又各自独立发展，以不同的形式展示出日本民族文化的特色，最终形成了“香道”和“茶道”。

纵观日本文化史，香木与茶叶在传入与发展方面存在许多共同点：

第一，香木与茶叶都不是日本原产，都源于南方亚热带地区。二者经中国传入日本后，不断地与本土文化相融合，最后发展成为带有浓郁民族特色的文化艺术。

第二，香木与茶叶都是随着佛教传入日本的，都是供佛的必需品，是连接佛与信徒之间的纽带，对于日本人来说具有超越时空的精神力量。

第三，香料与茶叶都是作为药物进入日本人生活中的。受中国古代医药学的影响，香料与茶叶一开始都被视为可以治病养生的稀世良药，只有贵族和寺院高僧才可以享用。对于普通的平民百姓来说，无论是香还是茶，都是可望而不可即的奢侈品。镰仓时代以后，对外贸易的发展和茶树种植的成功，才促使香木与茶叶进入寻常百姓的生活之中。

第四，室町时代后期，香木与茶叶由同一个文化团体——东山文化人，

▲茶箱

依据共同的美学理念，开创出独具日本艺术特色的两大文化体系，即“茶道”与“香道”。

第五，香道与茶道的基本思想都源于佛教的禅宗理念，同时与室町末期东山文化人具有的古典文学修养是分不开的。

第六，在香道学习中，也会涉及茶道的内容。泉山御流的香会上都会有喝茶的环节，茶道相关内容也是必须学习的。

香木与茶叶都是随佛教传入日本的。传入日本之后，是否能在日本国内种植、再次生产加工决定了二者不同的发展方向。

茶可以播种栽培、大面积种植，而香木无法生产，只能依靠进口，所以茶和水稻等其他农作物一样通过种植生产，成为人们生活中的一部分。后来，饮茶这种日常生活行为与宗教、哲学、伦理及日本人特有的美学意识熔为一炉，最终以诚心诚意奉上“一碗茶”的形式发展成为一门综合性的传统文化艺术。

可是香木只能依靠进口，得来非常不易，所以很久以来一直仅限于有钱有势的上流社会享用。香木是一次性的奢侈品，一经点燃就永远消失，不可复得。针对香木的这一特点，上流社会的文人雅士们为了最大限度地发挥香木的作用，形成了与他人共同分享、数人在一起品香的闻香形式。这就注定闻香最终只能作为一种上流社会的沙龙文化在少数人中流行，无法像饮茶一样成为普通民众生活中的一部分。

一、分别传入

香是在4—5世纪随着佛教传入日本的。一开始作为佛前供香，用于寺院的法事及朝廷举行的重大仪式。鉴真和尚东渡日本以后，才开创了日本利用香料配制合香，使用熏香的历史。

茶叶是在7—9世纪，即日本平安时代初期，由最澄（767—822）、空海（774—835）、永忠（743—816）等入唐求法的佛教高僧带回日本的。当时唐朝饮茶之风盛行，日本僧侣在唐朝的寺院里学法修行期间，频繁接触寺院里的饮茶文化。他们回国时就把唐朝的团茶（饼茶）带回日本，并按照唐人的煮茶方式给天皇奉茶。就这样，饮茶作为一种当时最先进、最时尚的高雅文化在宫廷和贵族之间流行开来。至于茶叶本身的价值，当时的日本人只认识到茶叶可以治病养生。

二、各自消化

10—11世纪，日本朝廷停止派遣遣唐使，开始进入发展本国文化的“国风时代”。在用香方面，除了寺院里的佛前供香以外，香料开始进入上流社会贵族们的生活当中。他们学着唐人的配方，利用进口的各种香料，配制独具个人特色的合香（即“薰物”），并相互比试。当时的文学作品中有大量关于贵族们制作合香，并用它们来熏衣裙、饰物、信纸及住宿空间的描述。而在用茶方面，因为当时还没有开始种植茶树，所以关于饮茶的记录就非常少。

三、再度交流

12—13世纪是日本与中国再次开始频繁交流的文化转折时期。当时，在与宋朝的贸易往来中，大量精美的宋朝漆器、金属制品、陶瓷工艺美术品及具有幽玄之美与哲学内涵的水墨画等进入日本人的生活中，深深地震撼并打动了他们。尤其是禅宗的宗教理念，对日本人的美学意识及各种文化艺术的形成产生了巨大的影响。

随着禅宗的传入，直接焚烧沉香、只品闻沉香香气的闻香方式受到掌握政权的武士阶层的青睐。与此同时，发达的海上贸易不断地把各种高级香木输入日本市场。尤其是具有划时代意义的闻香道具——“银叶”（原本是薄薄的银片，后来多使用薄薄的云母片），以及宋人“隔火熏香”的闻香方式传入日本以后，更加推动了这种新型闻香形式的发展。

如果说新型闻香方式推动了日本香文化的发展，那么茶树的栽培成功可以说改变了日本饮茶文化的历史。日本禅宗祖师荣西（1141—1215）入宋求法时带回茶籽，成功地在肥前（今佐贺县）平户岛的苇浦、福冈县与佐贺县接壤的背振山石上坊及京都栂尾高山寺栽培成功，开启了日本茶树栽培种植的历史。当时的制茶工艺与饮茶方式也完全沿用了宋代的方式，即蒸青饼茶与冲饮茶粉。当时盛行的用竹茶筅击拂茶碗中茶粉的饮茶方式传入日本以后，成为日本茶道的基本饮茶方式并延续至今。宋朝禅宗寺院的茶礼也在这个时期传入日本。今天，日本京都建仁寺、东福寺以及镰仓市的建长寺等著名禅宗寺院依然沿用宋制，在每年的祭祀开山祖师诞辰的法会上，以“四头茶会”的形式传承着中国宋朝的禅院茶礼。

四、共同发展

14世纪，室町幕府在京都建立，以佐佐木導誉为代表的新兴武将摆脱传统意识的约束，以崭新的价值观在京都掀起新的文化之风。这时候，品香与饮茶活动开始结合，出现了“茶香”一词。京都市内流行饮十种茶、品十炷香的“茶香十寄合”娱乐活动，后来发展成为有奖形式的“斗茶”和“斗香”。除此以外，市面上已经出现了“卖茶人”，说明当时饮茶之风已经渗透到普通民众的生活当中。但品香依然只属于贵族、武将等上流社会，只不过在形式上发生了一些变化。平安时代，贵族阶层无论男女都喜欢并亲自制作“薰物”，室町时代则发展成为女性爱熏香、男性爱沉香，掌握国家政权的武将们开始按照中国传来的闻香形式品闻单一沉香。

五、分别成型

室町时代末期，“东山文化”的创始人、幕府第八代将军足利义政在京都的东山山庄里建造了日本最早的专门品香的香室和专门饮茶的茶室。在这里，以足利义政为首的包括贵族、武士在内的文化人，把禅宗寺院的茶、香、花与日本的古典文学相结合，使饮茶、闻香、插花的活动上升为“茶道”“香道”“花道”三种文化艺术。

据史料记载，当时出入足利义政“东山文化”沙龙的有饭尾宗祇、三条西实隆、相阿弥、池坊、村田珠光、志野宗信等人，其中很多人既是香人，也是茶人。这一时期，上流社会的贵族之间多举行“十种香”“十炷香”的香会，武士阶层则举行“香合继香”形式的香会。最原始的组香形式“古十组”以及与组香有关的香道具已经出现，但是还没有出现与文学主题相结合的组香。香人多关注焚香规则、香炉用火、香灰造型等。另外，这个时候“六十一种名香”和香木分类标准“六国五味”开始逐渐被确立起来。

日本茶道的“开山之祖”村田珠光曾跟随三条西实隆学习香道，他把茶与禅、奢侈华丽的茶会与闲寂简素的茶席相结合，确立了“禅茶一味”“谨敬清寂”的“侘茶”茶道理念。随后，武野绍鸥和千宗易（利休）继承并发展了村田珠光的茶道理念，最终由千利休把日本茶道艺术推向顶峰，确立了“草庵茶”的茶道形式。

六、携手推广

17世纪初期，进入江户时代以后，只是单纯品香的“十炷香”的形式已经无法满足香道界的香人们，于是他们开始把古典文学融入品香活动中，确立了以古典文学为主题的“组香”形式。同时，《香道秘传书》《十种香暗部山》以及大枝流芳的系列香书等相继问世，使香道从理论上和形式上都走向成熟。

进入18世纪以后，“家元”制度的确立，使香道文化迅速在平民百姓中普及开来。志野流的弟子传承系谱《门人帐》中记载了各行各业的众多门人，证明当时学香、习香的民众急剧增加。

茶道也以同样的速度发展起来，除了千利休开创的“草庵茶”以外，还有“大名茶”“禁中堂上茶”“富农豪商茶”等各个阶层各种形式的茶道。其实茶道先于香道建立了“家元”制度，在17世纪中叶形成了“三千家”（里千家、表千家、武者小路千家）流派，并各自发展壮大起来。著名的茶道书籍《南方录》就是这个时期由南坊宗启完成的。“大名茶”的代表古田织部、细川三斋、小堀远州、片桐石州等人都著有茶道书籍。这个时期，用开水直接冲泡茶叶的饮茶方式也从中国传入日本，形成了后来的日本“煎茶道”。

18世纪后期，香道与茶道在形式上又开始相互借鉴、携手共进。志野流香人藤野昌章和藤野春淳的《香之茶汤三十六段》就是最具代表性的例子。御家流和米川流香人也都尝试开发“香之茶汤”的具体形式。茶道的传承人在茶道创新方面也借鉴了许多香道的形式和内容。表千家第七代家元如心斋、里千家第八代家元又玄斋等茶人在大德寺无学和尚的指导下，制定了“七事式”的新茶道形式，其中有许多香道的内容。如利用猜香用具“十种香札”中的“花、月、一、二、三”五种香牌来决定一场茶席谁为主人谁为客。另外，还有以组香的形式品茶的形式，以及使用“长香盆”“重香合”等香道具在茶席间品香的内容。

七、各自发展

19世纪，明治维新以后，香道、茶道等传统文化受到新兴的西方文化的强烈冲击，曾经极度衰退，甚至被人们淡忘。但是进入20世纪以后，传统文化再次受到关注，茶道精神重新得到高度评价，并作为日本文化的代表在国际社会中得到认可。然而香道依然只停留在香道爱好者之间，没有像茶道那样实现飞跃性的发展。虽然香道的传承依然在持续发展之中，但是由于香木无法再生，只能依赖进口，所以日本的香道最终无法向大众化发展，只能定位于小众文化。

一、添炭焚香

日本茶道把在茶室举行的先品尝“怀石料理”，然后再品尝“浓茶”和“薄茶”的一整套茶事活动称为“茶事”。只品尝“浓茶”或“薄茶”的则被称为“茶会”。

一般在举行“茶事”之前，主人都会在茶室点香，营造温馨、和谐的气氛，迎接客人的到来。当然，茶是主角，所以茶室的香越清淡越好。

在“茶事”活动中有两个添炭焚香的内容，第一个是在品尝“怀石料理”的前后（冬季添），第二个是在“浓茶”和“薄茶”之间。

秋冬季（11月—次年4月）的“茶事”，主人在呈上“怀石料理”之前，都要当着客人的面给地炉里添炭。为了驱除炭味、净化空气，也为了清净主客身心，添完炭之后，主人会把事先放在香匙上的一个合香香丸，即“练香”放进地炉的热灰里，顷刻之间茶室里就会飘起淡淡的清香。

春夏季节（5月—10月）的“茶事”，因为使用风炉烧水，添炭之后，主人会直接用手拿起一块檀香片，放入炉中。无论是合香香丸还是檀香香木，都是放在装炭的“炭斗”里，由主人端进茶室的。

如果使用非常精美的极品香盒或由来已久的名品香盒盛放香丸或檀香，

那么这个香盒就不能放在“炭斗”里，而要专门放在一个托盘里，添炭之后，由主人端出来给客人欣赏。这种添炭焚香的形式在日本茶道中被称为“盆香合”。这时候客人一定要向主人请教香盒的由来和质地。如果是春夏季节，还可以打开香盒品闻香木遗留的余香。

二、“七事式”茶会的用香

“七事”源于禅语“七事随身”，原义为僧侣随身必备的七件物品，引申为茶道师范应该具备的七种品德。“七事式”茶会是在18世纪，由表千家第七代如心斋宗左和里千家第八代一灯兄弟二人在大德寺无学和尚的帮助指导下创制出来的，是一套包含品茶、闻香、插花、赋诗、书法等丰富内容的茶事活动，其中很多形式借鉴了香道的礼法。“七事式”是指“花月式、且座式、员茶式、茶歌舞伎、回炭式、回花式、一二三式”七种茶会形式。

“花月式”是“七事式”中最基本的一种形式，使用香道“十种香札”中“花、月、一、二、三”五枚香牌来决定主客角色。五枚香牌（即香札）放在“折据”（厚纸叠成的盒子）里，主、客五人依次取出一枚，拿到“花”牌的人负责点茶，拿到其他香牌的人品茶。这种形式的茶事也称“平花月”。在这个基础上还可以

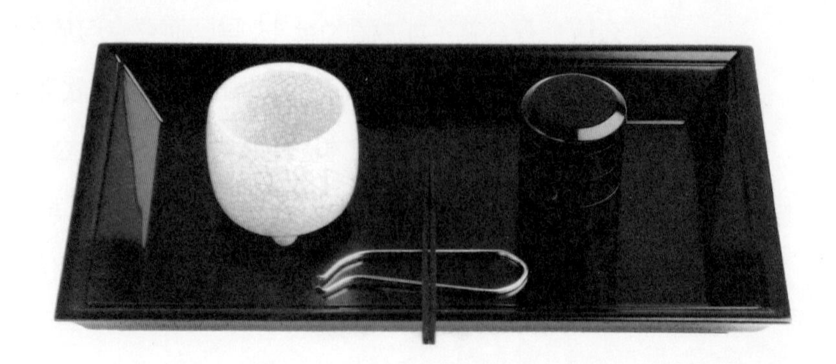

◀香付花月式的「长香盆」

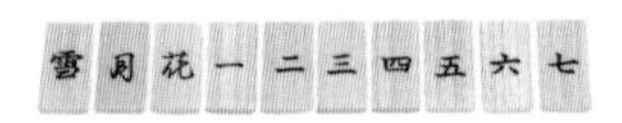

雪月花札

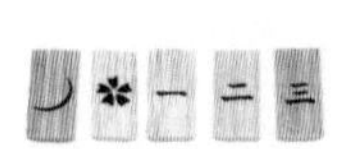

花月札

十种香札

◀「折据」中的香牌

附加其他形式的茶事，如“香付花月式”是带有品香内容的“花月式”茶事。举行“香付花月式”茶事时，茶室的“床间”（立地壁龛）要悬挂与香道有关的书画，壁龛的边框附近还要悬挂一个带有长丝带的“诃梨勒”香囊，作为室内装饰。客人入席后，主人把装有五种香牌的“折据”放在“长香盆”（长方形托盘）上，端到主宾的面前。托盘上还摆放有一个香炉、重香合、香筯和银叶夹。

随后由主宾开始，客人们顺次取出一枚香牌，并向众人宣布自己的香牌。抽到“月”牌的客人就要负责点香，抽到“花”牌的客人负责点茶。点香形式完全按照香道志野流的“隔火熏香”的要求进行。品完香、饮完茶，主人会端出一个小文案，研墨之后，从香会记录纸的最右侧开始书写这场“茶事”的名称，即“香付花月之记”，然后在记录纸的下部从右往左依次写上客人的名字，最后写上香木提供者的名字和香名。随后把文案端到主宾面前，从主宾开始依次根据刚刚品闻的香木名称即兴赋诗（和歌、俳句、汉诗）一首，并书写在自己名字的上部。所有客人都写完之后，再次从主宾开始传递文案，大家依次欣赏所有人的作品。最后，所有客人再次抽取香牌来决定谁能获得这张茶事记录纸。如果是春夏季节的茶会，那么抽到“花”牌的客人就可以获得这张宝贵的茶事记录，秋冬季节的茶会则是抽到“月”牌客人的幸运。这就是一场最基本的“香付花月式”茶会的过程。

“七事式”中的“且座式”茶事要比“花月式”更加复杂，不仅用香牌来决定闻香、品茶的人，还要决定插花、添炭的人。

其他涉及闻香的茶事还有里千家第十一代家元玄玄斋创制的“仙游之式”、里千家第十三代家元圆能斋创制的“三友之式”、第十四代家元淡淡斋创制的“唱和式”茶事等。

一、装香的容器

根据现有史料，我们目前还无法判断香在刚开始传入日本时是装在何种容器中的。奈良时代用来装香的容器是一种叫“塔鋺”的高脚球状有盖的容器。正仓院和法隆寺的珍宝中都藏有几件这种铜制容器。在中国西域出土的文物中也有同样形状的木制彩色容器，另外，朝鲜半岛也出土过同样的容器。有学者认为这是装佛骨舍利的，但正仓院的国宝“玉虫厨子”的台座正面的舍利供养图中有一位僧侣手持柄香炉和此容器，所以也不能排除这个容器是用来装香料的。

根据平安时代的文学作品《宇津保物语》和《源氏物语》记载，当时的香料都是装在香壶或香箱里。香壶有金、银或木制的，四个一套，装在一个箱子里。《类聚杂要抄》中记录“方一尺”的箱子里装有四个“径三寸五分，高二寸六分”的带盖的银制香壶，箱子表面一般都装饰有螺钿和描金漆画等。

《类聚杂要抄》里还提到几个装香药、合香的小箱子，叫“香箱”。这些小箱子后来就发展成为装香木的盒子，也就是香盒（日语用“香合”标记）。室町时代以前的香盒主要有陶、漆、木、竹、贝等材质。《禅林小歌》中就记载了十一种香盒，“桂昌、金丝、金枝花、堆朱、堆红、九连丝、黄九、红花绿叶、银丝、犀皮、堆漆”，这些香盒基本上都是雕漆类。香盒中形状较大的一般用于禅林法会或室内装饰，中小型的在

▶黄铜合子

▶香盒

镰仓、室町时代以后逐渐发展成为小型的香盒，主要用于茶道。

小型香盒的发展与中国宋、元、明时代的工艺美术品大量传入日本有很大关系。前面介绍过室町时代的日本上流社会流行用精美的中国工艺品装饰室内，用高级的中国器具“斗茶”“斗香”。香盒也就是在“斗茶”和“斗香”的过程中逐渐受到重视的。从中国进口的香盒被称为“唐物香合”，主要有雕漆、螺钿、嵌金、描漆、彩绘等种类，其中雕漆香盒尤为珍贵。日本国产的香盒被称为“和物香合”，主要有描金、镰仓雕和黑红漆等漆制品。

还有一种“交趾香合”，也称“形物香合”。“交趾”是指今天的越南。17世纪，由于日本限制对外贸易，中国商船以“交趾船”的名义往来于越南与日本之间，贸易陶瓷等。当时进口的这类陶瓷都被称作“交趾陶瓷”，其中最具代表性的就是“交趾香合”。“形物”即象生，“形物香合”就是指各种动植物、花鸟形状的香盒，主要有乌龟、鸭子、小鸟、青蛙、狮子、水牛、袋鼠、牡丹、莲花、竹节、松果、南瓜等形状。“形物香合”一般形体都很小，高五厘米左右，直径在三四厘米到七八厘米之间，小巧玲珑、造型可爱、色彩斑斓、纯朴自然，釉色以青、绿、黄、紫为主。

“形物香合”的流行大约始于江户时代末期，茶道界还有人仿照当时盛行的相扑力士的排行榜制作了一个“形物香合相扑”的排行榜，用来为各种“形物香合”评定等级。

在传统的茶事中，漆器香盒主要用来装伽罗或白檀等香木，陶瓷香盒主

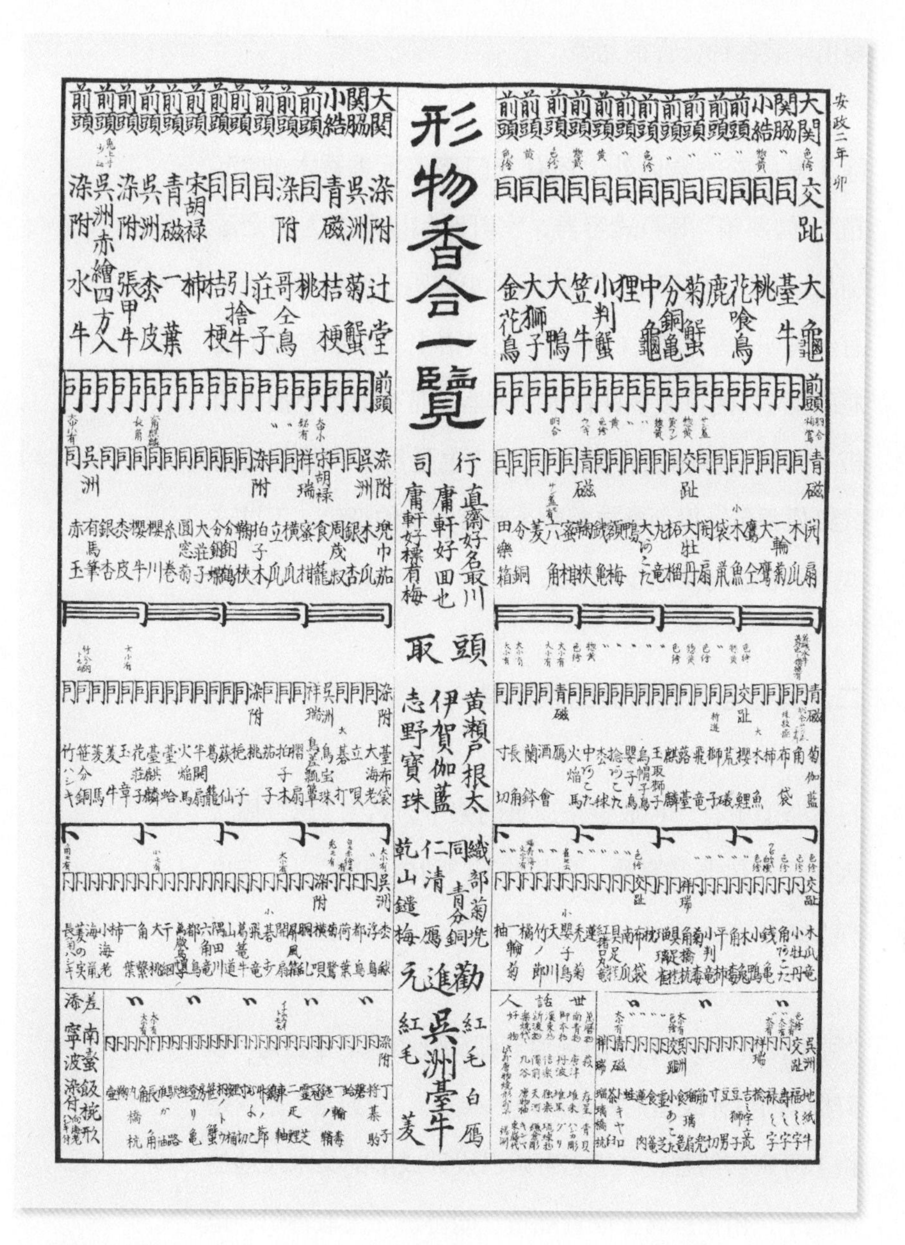

▲形物香合相扑

要用来装各种合香香丸等。

除了盒状的香盒以外，还有专门盛放沉香香木的“沉箱”“伽罗箱”等箱式容器，室町时代以前多为描金漆制品，近代的“沉箱”“伽罗箱”更注重创意和形态。还有一种叫“香箪笥”（“箪笥”在日语中表示带有多个抽屉的柜子）的可装多种香木的容器，是有很多小抽屉的柜子，描金漆制品较多。“香叠”也是用来装香的便携式纸质香包，里面叠放着数个装有香木的纸包。不过这些装香容器与茶道没有关系。

二、其他与香道有关的茶道具

日本茶道中有一种放置茶道具的架子，名为“志野棚”，因为千利休非常喜爱，所以也称“利休袋棚”，后来也称“台子”。

“利休袋棚”是千利休的茶道老师武野绍鸥借鉴香道“志野棚”而设计改造的白木质地的架子。“志野棚”原本是由志野宗信创意，其子志野宗温设计成形的桑木质地的木架子，用在香席上放置乱箱、闻香炉、火取香炉、记录砚台、重砚箱等香道用具。一般摆放在香室壁龛的旁

▶上：志野棚
下：利休袋棚

注：上图引自日文版图书《茶席的香》。
下图引自网站 https://co.pinterest.com/pin/545920786075641835/

边“床胁”处。香道的“志野棚”分为上、中、下三层，四条方形支柱上分别挂有装饰用的穗子，为简朴的木架增添了豪华感。

而茶道的“志野棚”“利休袋棚”简单朴素，没有过多的装饰，正符合“草庵茶”的审美情趣，因此成为千利休一生的钟爱。

茶道用具中还有许多装饰了“源氏香图”的茶道具，如“源氏棚”（镂刻了“源氏香图”的架子）、“源氏茶箱”、“源氏枣”（绘有源氏香图案的装抹茶的漆器茶罐）等。

茶道用具中有一个放置“水釜”（煮水器）盖子的道具叫“盖置”。草庵茶式发展到江户时代以后，有七种“盖置”受到茶人的推崇和喜爱，即“火舍、五德、一闲人、三人形、荣螺、蟹、三叶”，多是铜、铁等金属质地或瓷器。位于首位的“火舍盖置”，其原型就是火舍香炉的造型，在茶道中属于规格非常高的用具，因此与其他“盖置”的用法稍有不同。放置“水釜”盖子之前，主人会把香炉的盖子翻过来，然后才将盖子放置在上面。

◀火舍盖置

煎茶道与线香

日本茶道艺术包括“抹茶道”和“煎茶道”两种形式。煎茶是一种散状的蒸青绿茶，相传是由中国明朝末期福建高僧隐元禅师（1592—1673）传到日本去的。隐元禅师是临济宗福建省黄檗山万福寺的高僧，1654年受日本佛教寺院的恳请赴日弘法，在日本开创了禅宗的黄檗宗。他在弘扬黄檗禅法的同时，还把建筑、医学、绘画、书法、音乐、诗词等诸多明清时期的中国文化传播到日本。尤其是他传入的品饮蒸青绿茶的“煎茶法”，经日本煎茶道始祖、“卖茶翁”高游外（1675—1763）继承，在茶人大枝流芳、上田秋成、田中鹤翁、小川可进的努力下，最终形成了独具日本特色的茶文化——煎茶道。

今天，“全日本煎茶道联盟”的总部就设在隐元禅师创建的黄檗山万福寺内（今京都宇治市）。日本煎茶道虽然源于中国的茶壶冲泡式饮茶方法，但是又不同于中国的饮茶形式，更不同于已经程式化的抹茶茶道。在形式上，煎茶道更加自由轻松，不拘泥于单一的形式，因而被文人雅士喜爱。当然，煎茶道也有一整套茶事的操作程序和仪规，但是不像抹茶道那么复杂，比较简洁，注重轻松愉悦的泡茶、品茶过程，提倡“和敬清闲”的精神理念。

在茶席上点香，抹茶道使用合香香丸或檀香香木，而煎茶道只使用线香。线香也是从中国传入日本的，最早出现在李时珍的《本草纲目》里。日本最早记录线香的史料是西川如见的《长崎夜话草》（1720）。据此书记载，线香是由一个叫五岛一官（有说此人是中国人）的人从福建传

御香
初梅花
山田松香木店

来的，一开始先在长崎制造，后来才传授给他人，逐渐在日本各地推广发展起来。

线香的普及与文房清玩的流行有很大关系。香道名家大枝流芳在《雅游漫录》(1736)一书中介绍了各种文人雅士的兴趣爱好。他写的日本第一部有关煎茶的书籍《青湾茶话》原本就收录在这本书里。书中指出，煎茶茶席上使用的香道具一定是专用的雅具，他特别强调“香道具首先是茶席上雅致的装饰道具，其次才是熏香的用具”。日本煎茶道一直有意识地选择与抹茶道不同的兴趣取向，使用线香这种用香方式就是出于这种目的。

抹茶道的茶席上用香是为了清净身心，净化茶室空气，消除炭味，而煎茶道用线香更重视其装饰的作用。煎茶道茶人认为，香立(即香炉)、香盆(即香台或香几)和香筒(即装线香的筒子)三件器具的协调是决定茶室氛围的关键，尤其是刻有山水图案、名诗雅文的各种细长香筒，能够以其精致的工艺、完美的装饰给每一位初次参加煎茶茶事的人留下很深的印象。

煎茶茶席的香具既用作茶室装饰，也用于茶前焚香。线香一般使用清淡高雅的香型，因为香气浓郁的线香会有损茶香。煎茶茶事中使用的线香以沉香为主要原料，另外配有白檀、丁子、安息香、麝香、龙脑、薰陆等其他香料。

线香与煎茶都与江户时代文人雅士的情趣相通，品性相似，特别是线香那一缕笔直向上的青烟代表了茶人们独立自主的精神。线香燃烧时间比

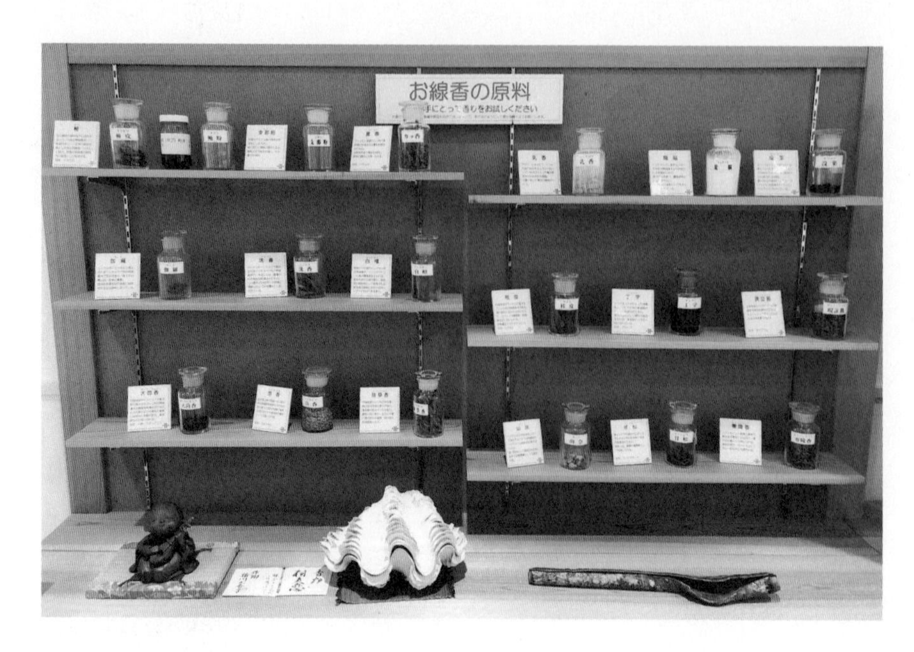

▲制作线香的原材料

较长，可以衡量时间的长短，这一特色也符合文人雅士们的浪漫主义情怀。另外，“线”字发音与“仙”字相同，线香也写成“仙香”，表达了爱茶的文人雅士们对仙人超俗、隐逸的精神境界的强烈向往。

第六章 走进日本香的世界

鮮魚 木村
有次
大國屋
ウイズユー
寅太郎
山とみ
冨美家
源久秀
大綿屋
アキヤマ歯科
田丸印房
井上
錦天満宮

日本的用香

古代日本的用香，开始时是受到了佛教传播的影响。从相当于中国的唐宋时期开始，用香在日本慢慢地开始流行、普及，直到江户时期，开始达到鼎盛。在日本，如果你去向一家香铺的负责人询问日本制香的起源，多半他会跟你提到唐代东渡日本的鉴真大师。1300多年前的日本正处在奈良时代（710—794），同期也是中国的唐代。当时日本的佛教还没有正规的体系，于是天皇就想要从中国请高僧来日本弘扬佛法，帮助日本建立起完整的佛教体系。733年（开元二十一年）日本遣僧人荣睿、普照随遣唐使来到大唐，受日本佛教界和政府的委托，荣睿、普照请鉴真和尚去日本为信徒受戒。当时大明寺众僧“默然无应”，只有鉴真和尚表示“是为法事也，何惜身命”，决意东渡。当时的日本，并没有真正受过“三师七证”具足戒的僧人，也就是说，当时的日本僧人中都没有严格意义上的僧人，鉴真和尚东渡受戒，才使得日本佛法开始有了真正的传承。日本国长屋王寄语“山川异域，风月同天。寄诸佛子，共结来缘”，也表达了希望中国的高僧能够去日本传授佛法的愿望，这些都深深地打动了鉴真和尚。于是从743年（天宝二年）起，鉴真和尚历时十年，破除重重险阻，在经历了五次失败后，终于在754年（天宝十三年）第六次东渡成功，到达了日本平城京（奈良），此时的鉴真和尚已经双目失明。鉴真东渡，引起了日本社会的巨大反响，天皇亲自出迎，鉴真和尚带来了许多的经书、中药、香料等，开启了日本的一个文化高峰。

来到日本的鉴真和尚开始为日本的僧人讲佛受戒、传授中国的文化，同时也传授日本人中医中药知识、香料知识和用香的法度。鉴真东渡对日

▲唐招提寺

本文化产生了巨大并且极其深远的影响，是中日友好最重要的标志性事件，时至今日，日本的文化界依旧认为鉴真和尚是日本文化的恩人，认为鉴真和尚是日本佛教的律宗之祖、文化之父、汉方（中药）之祖、制香之祖等。

鉴真和尚最早把各种香料带到日本，随后日本才开始制作合香。鉴真和尚亲手兴建唐招提寺，它是日本佛教律宗的总寺院，也是日本制香人心中的圣地，甚至也有人认为是日本制香的发源地。

在鉴真和尚所处的奈良时代之后，日本进入了另一个对日本文化产生了深远影响的时代——平安时代（794—1192）。在奈良时代的末期，日本朝廷与贵族势力之间的矛盾逐渐激化，僧侣的势力也渐渐强大起来，这些都影响了政权的稳定。为了削弱权势贵族和僧侣的力量，桓武天皇于784年决定迁都到平安京（今京都市），在那里筹建新都，希望借此获得平安、吉利、安宁与和平。由于平安京于794年完工，所以历史上一般以这一年作为平安时代的开始。平安时代平行于中国的唐宋，被视为日本历史上贵族文化兴起、社会安定繁荣的一段时期。平安时期也诞生了被誉为日本最伟大的文学著作之一的《源氏物语》，这本书记录了大量贵族生活场景，其中制香、用香的描述也有很多。鉴真和尚传来的香料和制香技术被上流社会追捧，并且出现了很多竞香、斗香的活动，这些都为日后香道的产生，埋下了文化上的铺垫。日本最有名的“平安六薰物”就是指从平安时期流传至今的六个合香的香方。薰物是指用来熏香的香制品，还有另外一个名称叫作“炼香”，更能够说明是由香料制作而来的意思，这两个都是日本合香比较传统的名称，在中国一般就叫作“香丸”“香饼”一类的了。

◀高野山大师堂

在日本除了香铺外，人们几乎可以在每一个知名景点买到香产品：线香、香囊和带香味的书签等。至于各种风景优美的寺院景点，就更不用说了。日本的香铺主要集中在京都、大阪、名古屋、东京等大城市。

要想了解日本香铺是如何发展成为今天的样子，就要先从日本人现代香生活的形成开始说起。平安时代之后的日本进入了幕府时期，幕府时期是一个广义的历史范畴，一般是指从日本武将源赖朝建立镰仓幕府开始到德川家康建立的江户幕府结束为止的这一时期。平安时代末期，日本皇族与贵族势力逐渐衰落，武士阶层势力慢慢壮大，幕府的建立使得武士阶层开始主导政治。日本的用香文化也在这一时期开始逐渐地从贵族阶层向武士阶层和平民阶层传播。到了德川幕府统治的江户时代，日本人的文化艺术及日常生活都达到了一个新的高度。江户时期，由于德川幕府的闭关锁国政策，使得日本终于在西方国家坚船利炮的冲击之下，发现了自己在各个方面的落后现实。于是，在一些有识之士的一系列倒幕运动的推动下，日本结束了长达六百多年的武士封建制度，德川家族末代将军德川庆喜被迫奉还大政于明治天皇，史称“大政奉还”，从此日本正式进入资本主义社会。而明治天皇最大的贡献，便是在位时期进行的明治维新。

明治维新剥夺了封建武士阶层的特权，毁灭了旧的封建秩序，开创了新时代，无论对于日本还是整个世界都具有深远的影响。它推翻了德川幕府，使大政归还天皇，在政治、经济和社会等方面实行大改革，促进日本的现代化和西方化。明治维新是日本历史上的一次政治革命，也是日本历史的重要转折点，它使得日本强大起来。不过，明治维新使得许多日本传统文化被排斥，而现代的、西方的文化、理念和制度，被视为先进的、正确的。政府鼓励大家废弃传统文化，甚至有人极端地建议废弃日语中的汉字转而使用拉丁字母作为日语拼音字母。香道、茶道和花道这些传统文化都面临着无人问津的困境。那时日本人生活中用香，更多是在礼佛、祭祀等方面使用。好在日本信奉佛教的人很多，使得传统用香习俗得以保存了下来。很多老人都有每天上香的习惯，这使得日本的佛香体系非常发达，几乎每个寺院都有自己独特的香，可以在自己信奉供养的寺院里请香。另外，日本人尊重传统的习惯也是非常出名的，有亲人去世时，日本人也会用烧香的方式祭奠，表达哀思。这类拜佛、祭祀用香多是使用线香，或是一种被称作“烧香”的散香。直到今天，日本也是这样，很多人家里都有佛龛，有的供奉佛像，还有的供奉逝去亲人的照片或牌位。因为在日本人看来，逝世的先人都去了极乐世界，烧香可以为他们在另一个世界祈福，也可以在烧香的时候与他们沟通交流。

在那段时间里，日本国内东方文化与西方文化进行了正面交锋，日本不太重视自己的传统文化，保守派与革新派在不断地较量。好在这一

▶鬼头天薰堂线香（图片来源：天薰堂网站）

现象逐渐被清醒的人们发现，他们意识到只有对传统文化保持尊重，才能真正拥有民族凝聚力，产生民族自豪感，才能使自己的民族保持活力。那些排斥传统的极端思想也被渐渐地纠正过来。后来日本人又重新重视起传统文化来，一些老香铺在保留原有香品的同时，也开始进行产品研发与升级，不断地将传统与时尚结合，逐渐形成了今天的日本香铺的样貌。

在日本各大香铺中，最受大家喜欢的还是线香。因为线香是传统香中使用最简单方便的，除了有长期用香习惯的上了年纪的人外，现在很多年轻人也喜欢使用线香。老香铺对于线香香型的设计也多种多样，不拘一格。在保留了传统线香的品种外，还增加了很多现代生活中如水果、奶糖等有意思的香型设计，使线香受到了各个阶层的喜爱。一些大城市中的白领，也喜欢用线香来改善房间的气味。很多线香被设计得娇小精致，这样在起床后点上一支，洗漱出门之前就燃完了，使用起来非常方便。

除了线香外，香铺里会还会出售香囊、薰物炼香、香木（沉香、檀香等）、香材（各种制香原料）、香道用具、驱虫香包、香膏、香水精油、带香味的书签和香蜡烛等，本章中都会有所介绍。

日本的香铺

一、京都的香铺

先说说历史，大家就知道为什么京都有这么多的香铺了。

平安时代的日本首都，就在今天京都地区。自794年平安京完工到1868年日本迁都东京前，京都作为日本的首都和政治经济文化中心，已经有一千多年的历史，是实实在在的千年古都。作为日本传统文化代表的香道、茶道和花道等艺道的形成与发展，离不开古都京都，也离不开室町时代一位叫作足利义政的大将军。

镰仓幕府的建立，开启了武士阶层登上日本政治舞台的时代。在平安时期地位很低的武士阶层一跃成为日本国家实际的统治者，天皇的权力被大大削弱，成为国家的象征。武士阶层批判平安时代贵族们的那种奢靡生活，崇尚以“忠君、节义、廉耻、勇武、坚忍”为核心的思想，结合儒学、佛教禅宗、神道教，形成了“武士道”精神。日本的很多“道”，其实和中国道教所说的“道”有很大的区别，更像是儒家思想与佛教禅宗思想的延续，这些思想对后来香道的形成产生了很大影响。

镰仓幕府后来被足利尊氏建立的室町幕府取代，而室町也就在今天的京都。室町时代对于日本香道的发展来说是一个非常重要的时期，严格来说，其实日本各种传统文化都在室町时代有了一个较好的发展。日本在20世纪70年代推出的动画片《聪明的一休》，很快便风靡中国，成为很多中国人儿时的记忆，主人公一休小和尚经常戏弄的大将军，原型便是室町幕府第三代征夷大将军足利义满，足利义满结束了日本南北朝时期的分裂，完成了国家统一，成为室町幕府最强盛时期的缔造者。《聪明的一休》中，他的住所——那座带有金色楼阁的优美庭院，就是今天京都市内大名鼎鼎的旅游景点金阁寺了。

与金阁寺齐名的，是京都东山慈照寺，它也被称作银阁寺。银阁寺的出名，就是因为足利义满的孙子，室町幕府的第八代大将军足利义政。足利义政在政治方面是一位失败者，但他在文化方面却有很大的贡献。当时的日本人都怨恨他没有统治好国家，而今天的日本人却感谢他保护发展了传统文化。

足利义政的儿子早夭后，便将弟弟改名后收为养子，立为继承人。谁知

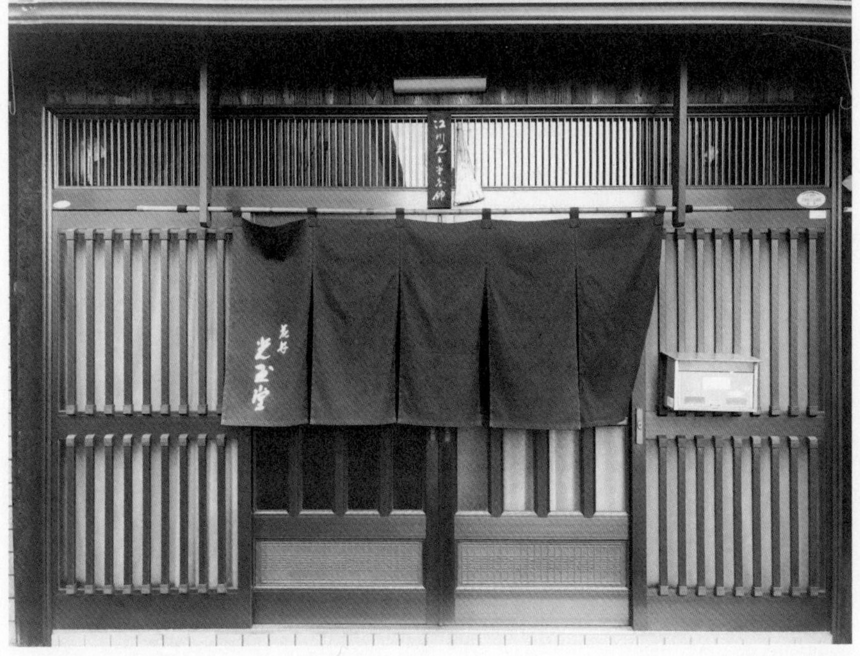

▲上：银阁寺碑
　下：江川光玉堂

老天弄人，没两年光景，他的夫人日野富子又给他生了儿子足利义尚。生儿子本来是个好事，但就怕家里事和幕府的事掺和到一起。足利义政处理得不好，关于继承人的选择就有犹豫，加之幕府内外各种势力难以平衡，一下就出了大乱子。一时间天下战火纷飞，“应仁之乱”一打就是十几年，生灵涂炭。而难辞其咎的足利义政却选择逃避，生活在今天的银阁寺内附庸风雅，常庇护艺术者与文化人，使得当时的文化得以发展。其实在应仁之乱之前，日本国内饥荒频现，已经出现了很多政治不稳定的因素，而足利义政却不理政事，而且不顾他人劝告，继续改建自己的宅邸花之御所，因此当时就弄得恶名昭著。最终，室町幕府从他这代开始衰落了，而以香道、茶道为代表的日本传统文化却开始茁壮起来。

从足利义政时期开始，日本香道主要的活动地点都在京都。直到明治维新前，日本香道的主要流派也都在京都，很多日本老香铺也都聚集于此。今天京都的香铺也有很多，除了鼎鼎大名的“鸠居堂”“松荣堂”“山田松”“薰玉堂”以外，还有“香彩堂”“丰田爱山堂”“高桥昇香堂”“林龙昇香堂”“泽田昇云堂”等很多家。像新京极寺町商圈附近的“井和井旅游商店”和专卖香包的“石黑香铺”，更是资深香友常常光顾的地方。

京都的鸠居堂是一家经营薰香、文房四宝、和纸制品的老字号专卖店，在日本传统文化领域非常有名气，很像北京的荣宝斋。鸠居堂掌门人熊谷家族，有着辉煌的家史。1180年（治承四年）是日本平安时代末期，当时的“源平合战”是影响日本政治格局的重大历史事件，武将熊谷直实在那一年因立下军功而被源赖朝赐予“对鸠”的家纹。到了江户时代的1663年（宽文三年），熊谷直实家第二十代后代熊谷直心，在京都寺町的本能寺门前创立了“鸠居堂”商铺，当时是药种商，也就是经营中药材。

“鸠居堂”这个名字，据说是由当时儒学研究者室鸠巢起的，取自中国最古老的诗集《诗经》中的一句“维鹊有巢，维鸠居之”。这件事记载在江户中期与鸠居堂第四代主人有过交流的儒学者赖山阳所著的名为《鸠居堂记》的卷轴上。“维鹊有巢，维鸠居之”的意思是说，鸠不善于筑巢，平静地住在喜鹊巢里，也就是“租房住、借房住”。有一次，第四代主人被一个人这样问道：“鸠居堂已经是第四代了，百余年来作为老字号而繁盛，也有自己的店铺好好地经营着，但它的意思是租房子的意思，这种商号，不是很奇怪吗？”不知如何回答的主人向赖山阳求助。赖山阳回答：“不管是家还是国家，都不是一代人形成的，而是靠祖祖辈辈继承下来的，也就是说，就像借住在祖先家一样，本来就不是自己的东西。国家和商业的衰败或灭亡，也是因为忘记了这一点，认为东西是自己的，犯了错误。而认为是祖先的寄托，就绝对不会疏忽，也不会垮掉。鸠居堂正如它的名字一样，经营者们因为不认为是自己的东西而谨慎地经营，所以才繁荣起来。”“不要忘记店铺是从祖先和世人那里借的东西，是代为保管的东西，要以谦虚的心态来激励经营”，这句劝诫的话就包含在店名的“鸠居堂”里，也包含着“店是客人的东西”的这种谦让之心。

鸠居堂的使命是“保护和培育日本传统文化”。在保留传统的基础上，鸠居堂也积极进行顺应时代的改良，在满足顾客需求上下功夫的同时，充分发挥独创性进行商品开发。香、文房四宝、信纸、明信片、金封、和纸工艺品等，这些以日本文化为基调的新产品，不但要令今天的人喜欢，也要令今人怀念过去。他们追求制造出既有功能又用心的、能够超越时代传递价值的商品，真真正正的好东西。鸠居堂称为了给寻求礼品的客人、书法和香道的专家等广大顾客提供满意的服务，店铺工作人员为了学习丰富的专业知识每天都努力钻研，以便能够在理解顾客的要求、提出正确的建议的同时，让所有顾客都能愉快地购物。为了在悠久历史中

◀鸠居堂线香

得到的顾客信赖能够持续下去，并且进一步提高，他们要求店员无论何时都要诚心诚意地接待客人，这是鸠居堂的基本经营理念。鸠居堂没有急于开许多家店铺，而是踏踏实实地花时间经营好每一家店铺，只在京都和东京有两家本店，除此之外在东京的商业中心还有一些门市。

因为中药和“香”的原料是共通的，所以从 1700年（元禄十三年）起，鸠居堂开始了薰香的制造。同时，从中药原料的进口地中国，开始进口书画用文具进行销售。到了1789年（宽政元年），因为鸠居堂与许多当时的日本文人交往颇深，在他们的建议和鼓励下，开始了笔、墨的研究和制造。1800年（宽政十二年），在赖山阳的指导下，鸠居堂尝试了笔和墨的改良。赖山阳很高兴能如愿以偿地完成自己的作品，便用其雄伟的笔迹亲笔题写了“鸠居”“笔研纸墨皆极精良”，并留下了题为《鸠居堂记》的长篇卷轴。1874年（明治七年），鸠居堂把制作毛笔的技术人员派遣到中国，谋求技术的借鉴。到了1877年（明治十年），从鸠居堂第四代传人熊谷直恭以来对社会服务和国事事业的贡献得到了认可，第八代熊谷直行从太政大臣三条实美那里得到了九百多年来传承下来的“宫中御用合香”的秘方。诞生于平安朝的雅致薰香一脉相传，至今仍被鸠居堂传承。

到了鸠居堂，购买伴手礼是很重要的事情。你可以买些笔墨纸砚，那绝对是送给爱好传统文化朋友的好东西。但我认为最好的礼物，当然是香了。有几类东西是不错的选择，我把它们分为礼品线香系列、生活线香系列、炼香系列和其他系列。

在日本拜访传统家庭，茶礼和礼品线香基本上可以说是最体面的礼物了。如果你想送给日本朋友礼物，那么礼品线香是很好的选择。礼品线香是传统的线香礼盒，一般分为两类：一类是黑色的大漆木盒，外面有金字“御香”两字，通常还会用金丝、银丝打上非常漂亮的花结，看起来非常高级；还有一类是用松木盒做外包装的线香，看起来朴素实在。作为礼物送人，价格是很重要的参考因素，在日本的传统香铺里，绝对是一分钱一分货，所以购买哪一种就看自己的意愿了。一般来说大漆木盒包装的线香会更高档一些。

这类礼品线香被使用在红白喜事、祭奠等许多场合，作为日本传统家庭赠送的礼物是非常常见的。日本人在订婚时或婚礼后，作为对婆家祖先敬拜的供品，线香常被使用。日本人在送这种礼物时，都是想要把这种暖心的传统习俗传承下去，所以是非常受欢迎的。当然，这类香不是一定在特殊场合下使用，日常生活中使用也是可以的。

◀御香礼盒

鸠居堂的生活线香有许多种，大致分为传统香和香水香（也就是香精香、精油香）。既有以沉香为主的“笑兰香”“真如”，也有以檀香为主的“舞衣”“清霭”，如果家里有对烟比较敏感的人，可以买“清霭”，它是一款微烟香。下面分享一些关于线香烟的知识：任何的传统线香点燃后都是有烟的，现代制香技术已经可以很好地解决烟的问题，当然这也要在香气和烟之间寻找平衡，所以很多香被制成了少烟香、微烟香以及无烟香。我们通常把减烟量20%—50%的线香称作少烟香，减烟量80%左右的称作微烟香，而减烟量达到90%以上的则称为无烟香。

这一系列线香有很多款，大家可以根据喜好随意挑选，哪怕在店里试闻也是没有关系的，直到找到一款自己喜爱的。在这里，我推荐短支的“六种薰物”款线香，它是趣味线香系列里的一个小系列。它一共有六款，对应平安六薰物。既有每种各5根的合装，也有每种20根的单独装。建议第一次入手可以购买合装作为礼物送给自己或朋友。日本人非常会做生意，经常有“季节限定款”商品上市，如果赶上夏天去鸠居堂，

▲鸠居堂线香烟量，从左至右：普通线香、减烟量20%的线香、减烟量80%的线香（图片来源：鸠居堂网站）

▲左：鸠居堂传统线香　右：鸠居堂炼香

你还可以购买蚊香系列，有香包、线香和盘香供挑选，效果还不错。冬天，炼香是应季的。

如果你是个资深香友，那么鸠居堂的炼香绝对不容错过。“平安六薰物”可是鸠居堂历史传承中的招牌产品。上文提到这是有着千年历史的炼香在世间少有的传承，不得不说是一个奇迹。而平安时期的炼香，甚至所有日本的炼香，都有着一个共同的源头：鉴真与大唐。研究日本炼香及其使用，对还原中国传统制香技艺有着重要意义。除了三条实美亲传的名香“平安六薰物”以外，鸠居堂还有很多种梅花炼香和各种文化题材的炼香，很值得资深香友们品鉴。其中空薰的方式最为传统。除了炼香之外，鸠居堂还有很多片状的印香，它们的使用和炼香是很相似的。

传统炼香、印香这类香品在日本可以保存下来，很关键的一点是因为茶道一直保有着用香的传统。虽然现在煎茶道流派也在使用新式的线香，但是炼香这类传统香品从没有退出历史舞台。冥冥之中，它们好像一直在等待中华儿女一样，想为作为日本香文化源头的中国，保留一份参考借鉴的意义。真的很为这样的缘分而感动。

除了上面介绍的这些，其他系列中香包也是在鸠居堂购买小礼物时不错的选择，价格不贵，又很有日本特色。纸香包和织物香包都有，不同的香气，不同的用途。这类礼物其实鸠居堂还有很多，比如点香用的香插、香炉、空气香氛、精油、香蜡烛等。

除了各种各样的香制品，你还可以在鸠居堂买到香道具，如果你只是作为爱好者购买收藏，那买什么都可以。但如果你是香道的学习者，还是要遵循流派内老师的指导购买，最好的方式就是从你的老师那里购买香道具，这也是个很好的传统。不然你买的香道具可能不适用你的香道流派，即使它非常昂贵，也不能使用。没有深入学习香道的朋友可能会犯这样的错误，因为价格看上去便宜或是觉得不错而随意购买香道具，结果会非常尴尬。所以对于香道具，如果还没有学习，建议就先不要盲目购买了。

鸠居堂的历史和传承能够体现日本的匠人精神，鸠居堂的使命感和敬畏之心，其实也非常值得今人学习。在了解这家店铺的同时，我也很有收获。而鸠居堂能在中国这么有人气，不仅是因为它的历史，更是因为它的店铺开在了国人日本游最爱的目的地——京都和东京，并且是在非常热闹的商业中心。像京都的松荣堂、东京的日本香堂，也都是因为这样而为广大中国人所熟悉的。

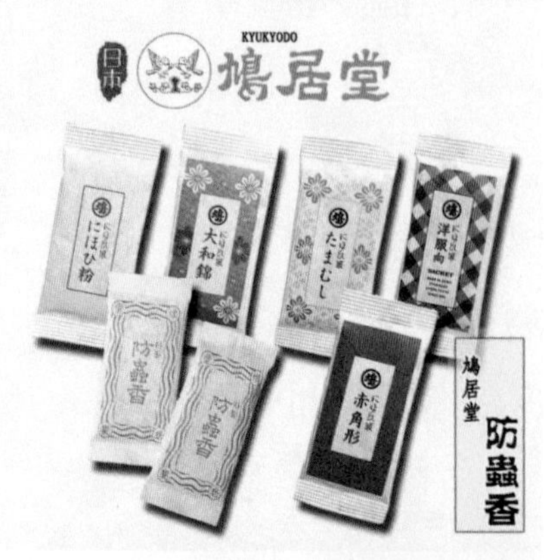

▲鸠居堂香包

鸠居堂京都本店位于“京都市中京区寺町姉小路上ル下本能寺前町”，每天10:00—18:00营业；银座店位于“東京都中央区銀座”内，每天11:00—19:00营业。

因为日本店铺在一些重要节日也会闭店休息，所以大家出发前可以上官网了解一下最新的店铺营业情况。

松荣堂

▲松荣堂店铺

松荣堂于1705年(宝永二年)在京都创业，至今已三百多年，一直致力于香的生产销售。与鸠居堂不同的是，松荣堂的定位就是一家以香气为主的“香老铺”。主要产品包括宗教用薰香、茶道用香木和炼香、居家用线香、香袋和香道具等。

松荣堂主人的祖上曾是京都天皇御所的主水职，店铺传承至今已经是第十二代了。因为是一直从事专业制香的老香铺，所以松荣堂在日本制香领域非常有名，特别是在京都地区。他们秉承着制香传统，追求极致用心的手工传统技艺。既重视传统的技艺和心态，又对尖端的技术革新充满热情，认为只有这样才能保持“老字号”的信誉。

传统制香原料都是天然香料，以中国、印度、东南亚为中心，从世界各国运到日本。虽然随着科技的发展，人们可以化学合成香味，但合成香料的深厚和微妙的味道不及天然香料。这是因为人类的嗅觉敏锐，瞬间就能分辨出香味的本质。松荣堂致力于将天然香料的细腻和雅趣完整地传达到大家的手中。随着制香技术的进步，松荣堂也开始把合成香料的感觉和天然香料的深幽巧妙地结合起来，努力创造新的香味。

1897年（明治三十年），松荣堂在原有的传统香基础上，运用现代技术，开发出符合各国生活方式的“香水香”，并在第一届芝加哥万国博览会上展出，同时成功地实现了首次对美国出口。此外，1915年（大正四年），大正天皇御大典时曾购买了松荣堂的产品，使其名扬日本。美国科罗拉多州后来也有了松荣堂，这些都是松荣堂乐于称道的辉煌。

松荣堂的寺院定制香，几乎占据了京都这个号称“百米一寺”“千寺之都”的半壁江山。当你走进松荣堂京都本铺的时候，付款台背后的墙上挂满了为各大寺院制作专属用香的牌匾，这些都反映出松荣堂深厚的沉淀。今天去京都的人，如果站在京都站地铁入口附近，通常会闻到一种甜美温柔的香气，这是因为楼下就有一间松荣堂的香铺，这种香气也被称为“京都的味道”。所以拥有“京都香气”“传统制香老铺”“寺院香定制”这些标签的松荣堂就很容易被人记住。

松荣堂的名气，不仅仅因为它辉煌的历史，更因为它不断创新的品质。

▲松荣堂老照片（图片来源：松荣堂网站）

如果你刚刚想入门日本线香，那么松荣堂是个好选择。松荣堂的线香有很多系列，比较有名的是高级线香和京线香系列。

松荣堂高级线香系列有多款，主要原料伽罗、沉香、白檀等都经过精挑细选，全部由工匠们手工打造，制作很用心、很仔细。除了可以作为礼物外，也推荐在普通日子里款待客人时使用。我把它们分成两个梯队，第一梯队主要是指“正觉”“妙芳”“五云”“雅芳”“南薰”五款，这几款线香主要是以伽罗和高级沉香作为原料，其中以“正觉”名气最大。松荣堂称“正觉”是只用最高级的伽罗制作而成的，所以这一下抬高了它的身价。随后松荣堂以原料减少但不愿降低产品品质为理由，降低了这五款香的产量。早些年在松荣堂买“正觉”时并不限量，后来开始限量时，一本护照只能买两盒“正觉”，其他的并不限购，一次买十盒都没问题，再后来一本护照只能买一盒“正觉”，而像“妙芳”“五云”也不能随意购买了。现在据说店铺里已经很难买到“正觉”了。不过好的制香原料越来越少确是事实，日本的香铺很早发现了这一点，并做出技术与方向上的调整。

第二梯队线香有“微笑”“春阳”“京自慢”“王奢香”“松の友”等，这些香有的是沉香主题，有的是白檀主题，价格大概是第一梯队的十分之一。大家喜欢的话可以去深入了解，并根据自己的需求购买使用。松荣堂高级线香系列对于我来说，并不感到十分惊艳，但日本制香匠人们的传承精神却令我心生敬意。这个系列中名气最大的是“正觉”，因为这是一款伽罗线香。天然香料中的极致就是奇楠。在日本的六国香木分类中，将奇楠分在伽罗之中。在很多日本制香人的概念里，伽罗是一个比奇楠更大的范畴，也可以说奇楠是伽罗中更好的一类。了解了这些，就能理解日本的伽罗和我们所说的奇楠并不是完全一样的概念，更无须指出日本有些香铺的伽罗根本不是奇楠，因为本身的理解就是不同的。日本香的种类实在太多了，各类包装规格加在一起超过了两千种，所以想收集全也是很费精力的，另外一些普通的日用香并没有什么收藏品鉴价值，于是一些香友们便只收集伽罗线香。

▲正觉

京线香系列属于生活用香的范畴，制香时大量使用天然香料。不仅日常供奉可用，在房间里也可以作为享受时的香使用。这系列的线香长度有9厘米、13.5厘米和22厘米，适用于各种场合，其中比较有名的是“清风”和“金阁”。日本香的名字起得都比较有意境或是有典故，所以光看名字就给人以美的感觉。

高级线香和京线香系列都是在日本比较有名的系列，而对于中国游客们来说，鼎鼎大名的“铭香芳轮”和“Xiang Do”系列最受喜爱。

“铭香芳轮”系列可称得上是人气产品，是所有玩日本香的中国香友们的必收之物。其中最受喜爱的便是被誉为“京都香气”的“堀川”与“白川”。松荣堂京都站的香铺每天从开店前就开始不间断地燃熏“堀川”与“白川”这两款香，很多第一次到京都的人，都能被这种香气吸引，这种嗅觉广告的效应不可小觑，真的令人不得不佩服老香铺的智慧。这个系列的香有六款，分别是“天平”“室町”“堀川”“元禄”“白川”“二条”。其中“天平”“室町”“元禄”都是时代的名字，“堀川”“白川”“二条”则是地名。这样的命名，给人一种深厚的文化积淀感。

“天平”被誉为这个系列里最高级的香气，“天平”的名字来源于鉴真东渡日本时奈良时代的年号，有着日本古代文化高峰的含义。日本历史时期几乎都是以当时的政治中心来命名，“室町”本是日本京都的一个地方，因为足利尊氏建立了室町幕府而变成了一个时代的名字。“室町”是这个系列里我非常喜欢的香，松荣堂对它的表述是庄严。确实如此，零陵香的苦味细腻地展现出调香师对这款香的理解，庄严肃穆而充满禅意则是对武家时代最好的诠释。

“堀川”和“白川”的香气都以白檀为主题。虽然使用了合成香料，但是

香老舗 松栄堂
薫習館
KUNJYUKAN

香气却很甜美温柔。两款香的气味很接近，初闻的朋友甚至有可能无法区分它们。几乎每一家松荣堂的店铺，都有这样的香气弥漫着。“堀川”的香气更加香甜一些，而“白川”则更加清爽。

这个系列的香都有短支和涡卷香（也就是盘香），大家可以根据自己的需求挑选。像盘香这种燃烧时间比较长的香，适合在玄关、客厅、起居室、餐厅这些空气流通比较大的地方使用，而线香，特别是短支的，就更加灵活一些。

“Xiang Do”系列以其纯净的香味而受欢迎。这个系列都是合成香料制造的线香，所以这个系列有各种各样的香型，比如玫瑰、咖啡、绿茶、红茶、柑橘、薄荷、海洋等，这些线香清新自然，又很贴近现代生活。“Xiang Do”系列的线香都是短支，长7厘米，有20支的小包装和120支的大包装。由于长度短，所以每支香燃烧时间大约为15分钟，这对于早起的上班族来说比较适合，早上起床房间内有一些气味，能点上一支香来净化环境也是很美妙的，出门前也就燃完了，所以这个系列受到很多年轻人的喜爱。到了周末，起床后点上一支“Xiang Do”系列短香，静静享受着自己轻轻蔓延香气的空间，不如再睡个回笼觉吧。

除了上面说过的几个系列线香产品以外，松荣堂的源氏香系列也是很有意思的。《源氏物语》中各个精彩的章节被松荣堂的匠人们深入理解并制成各类香品。有线香、盘香、香立（也就是香插）、烧香、印香、香包等各种各样的香产品，喜欢《源氏物语》的朋友不容错过。

松荣堂京都本铺的隔壁就是新开的薰习馆，这是一个以展示传统制香

▲松荣堂薰习馆展览

为主题的展馆，包括制香流程、各类香料等内容。营业时间是每天10:00—17:00，比店铺营业时间少两个小时，既想逛店又想参观的朋友需要合理安排时间，热爱香事的朋友们千万不要错过。松荣堂在京都站的店里面有几乎所有线香的试用装。试用装包装很小，每种几支都是短香，而且手工包装得很精致，这种全系列的试用装只在松荣堂京都站店里卖，总店都不卖，而且不做商业批发。

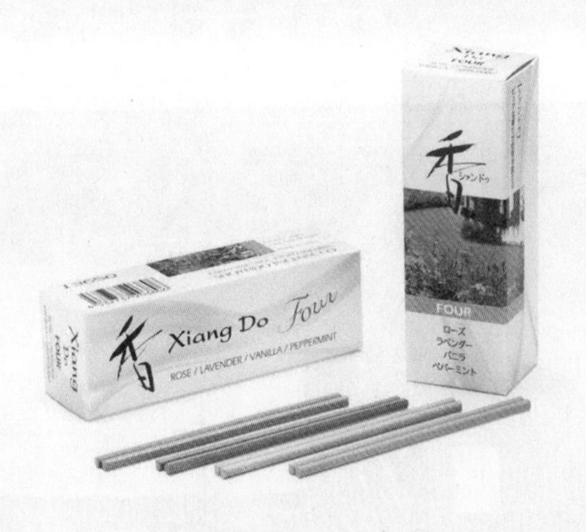

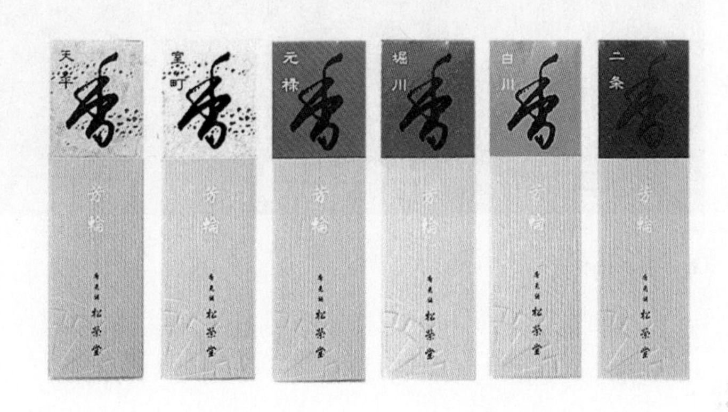

▲上：松荣堂“Xiang Do”系列线香
下：松荣堂“铭香芳轮”系列

松荣堂香老铺的京都本店位于“京都市中京区烏丸通二条上ル東側”，每天9:00—18:00营业。

▲山田松香木店

相比鸠居堂和松荣堂，山田松好像并没有太多值得炫耀的辉煌历史，但是作为京都最重要的香木经营店铺之一，其在香道界的地位不可小觑。同时它也是最受中国香行业从业人员喜爱的香铺之一。江户时代享保年间（1716—1735），山田松香木店作为药种商，和鸠居堂一样经营中药生意。之后从明和到宽政年间（约1789—1800），药种经营逐渐转移到以香木、芳香性药种（香原料）为中心的香木业。山田松香木店所在地是京都御所西地区，该地区火灾非常多，山田松遭受了天明大火和御所被烧毁等多次灾害，每次都不得不转移到周边或者暂时停业。它们的历史上使用过香松屋、香具屋、沉香屋等店名，后来根据旧名号改为现在的山田松香木店。

山田松香木店主营的商品是香木（伽罗、沉香、白檀）、合香原料、香木制工艺品、线香、香包、香道具等。如果你是香道学习者，可以去购买组香用的香木，各种香木是山田松的特色，店主对于香气的理解也足以代表日本香界的水平。对于有特色的沉香，店主会赋予“铭香”，而想要真正理解它，没有良好的天赋和常年的努力研习是很难做到的。

对于大众来说，线香是了解一家香铺制香水平的试金石，也是入门很好的选择，山田松香木店也有很多线香。山田松香木店将线香分为“日用线香”“高级线香”“鹫树”三大系列。这三大系列里，日用线香中的“华洛”最有名气。“华”就是“花”，而“华洛”其实是一种京都人非常有意思的情感。从平安时代开始直到明治维新奠都东京起的一千多年时间里，京都一直是日本的首都，所以京都人的那种民族自豪感与文化自豪感是其他地区日本人难以比拟的。作为千年古都，京都建成时的设计很大程度上参考了中国唐朝的都城设计，其中影响最大的参照就是长安与洛阳。当时的日本人知道，自己再怎么厉害也建不出超越中国的都城了，那就仿吧。大唐有长安和洛阳，那咱就把平安京分成两部分，东边的左京就叫洛阳，西边的右京就叫长安。大唐是日落之国，我是日出之国，你有的我都有，而且在我这，从长安到洛阳，走着一会儿就能到，不错。后来长安那部分右京地区古时地理位置不太适宜，经常潮湿积水，湿地比较多，慢慢就废弃了，主要剩下的就是洛阳左京那部分了。今天你走在京都的大街上，经常能看到“洛阳 ×× 学校”“洛阳 ×× 株式会社”，仿佛穿越到古时一般。而“华洛”，就是指京都花开满城时的意境，这是京都人多么热烈和自豪的情感啊，所以这个系列的线香也最受大家的喜爱。“华洛”系列有四款，分别是“沉香”“青莲”“清风”“白檀”。

高级线香里的“凤城”是一个小系列，有赤、白、翠三款。这三款都是伽罗基调的线香，曾经风靡国内的日本香圈，但只是白驹过隙而已，流行时间非常短。因为山田松最高级的系列，并不是“凤城”伽罗，而是“鹫树”。“鹫树”这个系列的线香一共有六款，是按照日本香木六国分类法命名的，等级依次是“伽罗”“罗国”“真那贺”“真南蛮”“佐曾罗”“寸门陀罗”，其中“伽罗”的品质最佳。

此外，日本六国的名称不同流派之间的传承是稍有不同的。就像“寸门陀罗”“寸闻多罗”虽然都是“苏门答腊”的日语音译，但是不同流派的写法是不一样的。如果你已经开始了香道学习，就请不要弄错。

◀山田松传习教室

由于各个香铺的香实在太多，其他的线香就不做过多介绍了。除了线香以外，山田松的香包、“花京香12月份印香组合”、涂香、香膏等诸多产品也值得一试。

香木店向南100米是传承工坊。山田松传承工坊主要是接待前来体验制香的顾客的，内容以炼香、香包为主。近年在香木店后院的地下一层也开发了新教室，同样用来给顾客做体验活动，这些活动只要提前预约就可以参加，费用也不是很高。另外，山田松香木店还可以根据客人不同的个人情况来定制炼香，比如告诉店家自己的喜好、性格等，他们就能调配出适合你的专属炼香，值得一试。

山田松香木店的京都本店位于“京都府京都市上京区勘解由小路町”，每天10:00—17:30营业；东京半藏店位于“東京都千代田区平河町”，每天10:00—17:00营业。

薰玉堂

虽然第四家才介绍到薰玉堂，但并不意味着它在京都香铺中的地位排在后面。我们是按照它们在国内的知名度简单排序的，而论香铺的历史，薰玉堂绝对算得上是“老大哥”级别。早在1594年（文禄三年）的安土桃山时代，薰玉堂就在西本愿寺前作为出入本愿寺的药种商创业，地址就是今天的地址。薰玉堂的全称叫作“负野薰玉堂”，创始人负野理右卫门自幼就对香木感兴趣，专注于对沉香的鉴定和香材的研究，这奠定了薰玉堂的专业基础和品质。为了学习鉴赏沉香，薰玉堂迎接志野流香道的家元，并且努力研习，后来作为志野流香道教场传承至今。从那个时候开始，以本愿寺为首的全国各宗派本山，都请薰玉堂到寺院指导供奉用香，直到今天。

自创业以来历经420余年，薰玉堂努力地持续制造传承自古代的香气。作为日本最古老的御香调进所，薰玉堂也开始创造融入现代生活的香味。由此可见，不仅要坚守传统，更要适时地进行创新，这样才能保证古老的技艺是“活着的”，并且能持续为人们服务。但这其实也很难，需要传承人能真正地静下心来，甘于寂寞。他们深知学艺不精便急于创新、急于求成，最终会使手艺丢在自己这代人手里。所以他们把创新看作神圣的事情，谨慎而负责任。

由于跟寺院有着深厚的关系，薰玉堂经营的供奉用香产品十分有名，有

▲薰玉堂外景

▲薰玉堂烧香场景（图片来源：薰玉堂网站）

▶上：薰玉堂店铺一楼
中：薰玉堂店铺二楼
下：薰玉堂调香账
（图片来源：薰玉堂网站）

线香、烧香几种形式，感兴趣的朋友可以关注一下。所谓烧香，就是以细碎香材调和而成，放在香炉里直接焚烧的散香，一般用于祭祀。

薰玉堂主营香木、线香、炼香、印香、香包、香道具和精油与香蜡烛等产品，这些都有着薰玉堂的传统特色。经营沉香原来是他们的主要业务，但是由于原料的逐渐稀少，目前已经很少有大块香材出售了，基本上出售的都是碎料或是香壳。当然，如果你是老客人，那仓库中大量的库存对你来说绝对是够的。之前我一直不懂有人所说的太尼沉香是什么，后来在薰玉堂找到了答案。太尼沉香是指印度尼西亚的一些小产区的沉香，这种说法源自薰玉堂，是薰玉堂的经理告诉我的。

薰玉堂的线香有各式各样的包装与规格，为人所熟识的是他家的经典纸盒包装系列，其中比如“堺町101”“北野の红梅”“宇治の抹茶”都受大家欢迎。

如果你想了解他们沉香、檀香的线香，建议可以试试“殿上伽罗”“暹罗沉香”“太尼沉香”“老山白檀”这四款。这四款是一个系列，桐木盒包装。

如果你去了薰玉堂，除了线香以外，香包、炼香、文香、香烛和精油都是值得购买的。香包和炼香就

▲上左：薰玉堂文香（图片来源：薰玉堂网站）
上右：薰玉堂防虫香包（图片来源：薰玉堂网站）
下：香薰蜡烛与精油

自己凭感觉吧，防虫香包也是比较有名的，物美价廉。所谓文香，就是写信时夹在信纸里的香，能为书信增添几分情趣。现在人们写信都很少了，但薰玉堂还是坚持在做这个文香，夹在请柬或是其他信封内也是不错的选择。

香蜡烛是玩香领域里的一个小众，而薰玉堂的四款时代香烛就真的很不错。这个系列一共有四个香型，每个香型都有香蜡烛和精油，分别以时间与时代命名。“794平安时代”“1482室町时代”“1594安土桃山时代”和“1716江户时代”。薰玉堂用自己的理解，做出了四个时代的香气，既是一种创新，也是怀念与留恋。

日本老香铺的传承与创新，在经历了上百年沉淀后，最终达到了很好的平衡。

▼经典纸盒系列
（图片来源：薰玉堂网站）

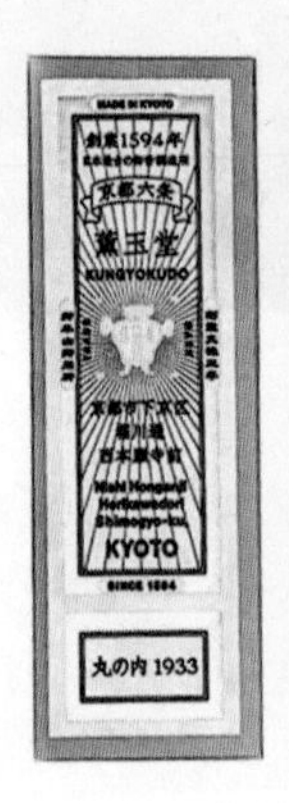

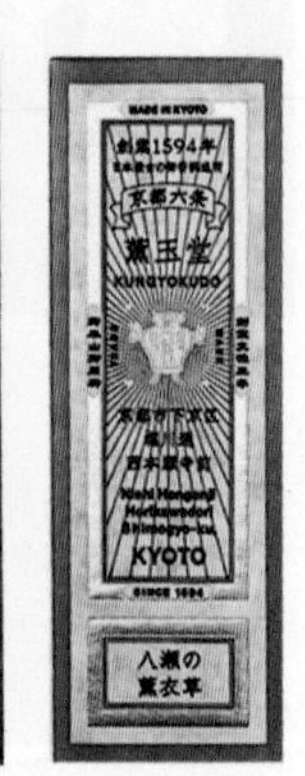

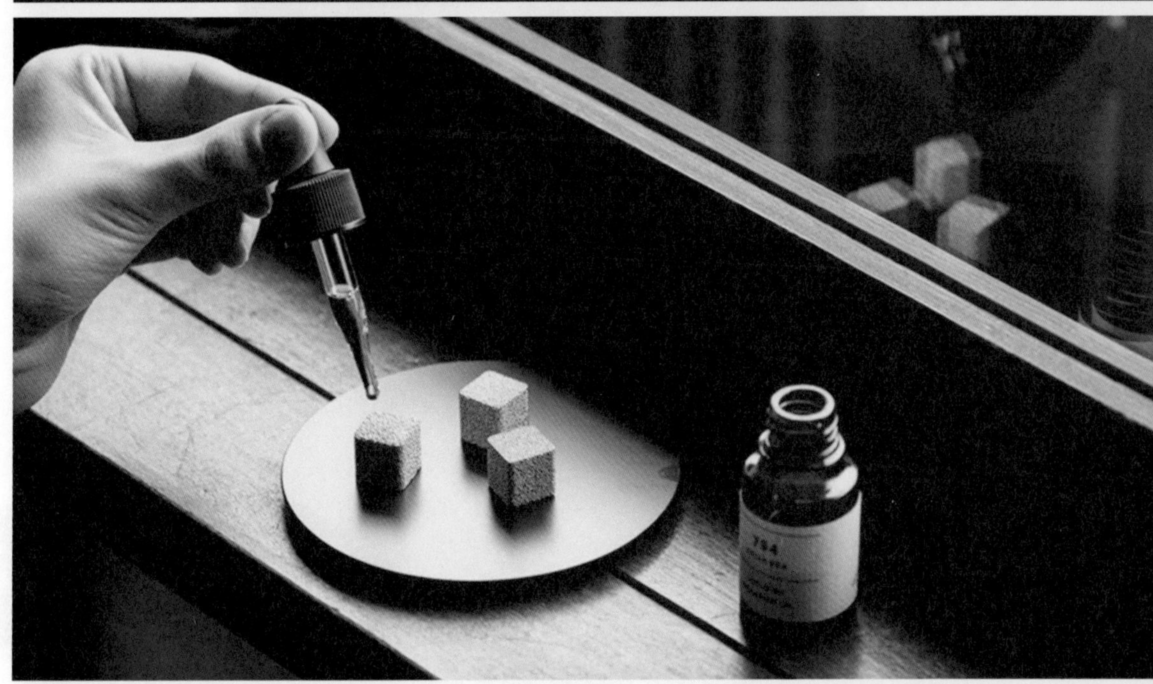

▶上：香蜡烛的使用
中：薰玉堂精油的使用
下：薰玉堂线香的使用

◀养老亭（图片来源：薰玉堂网站）

薰玉堂今天还有一个古老的香室，名叫“养老亭”。它曾在天明的大火（1788）中烧毁过一次，在江户后期重建，已拥有二百多年的历史，是现存还在使用的香室，也被用作香道教室。

◀上：薰玉堂销售的烧香
下：御香系列
（图片来源：薰玉堂网站）

薰玉堂位于“京都市下京区堀川通西本願寺前”，从京都站走路大概15分钟就到了，每天9:00—17:30营业。

对于香的爱好者来说，上面四家京都的香铺都值得专门去一趟。如果你是普通爱好者，每家香铺留出一个小时就够了；如果你是发烧友，那么每家香铺可以安排半天时间。要是你不会日语或英语，那就请带上一位翻译，相信你一定会不虚此行。早些年，我们曾几次在山田松从早上一开门就进去，一直待到打烊之后所有客人都走了才意犹未尽地离开。

而对于京都的游客来说，专门跑去香铺可能有些浪费时间，那么井和井旅游商店、石黑香铺、丰田爱山堂这三家香铺，都是可以在旅游观光的时候顺道去逛的。京都三条、四条附近在古代就是文人常常聚集的地区，现在三条附近还有古董街，而四条附近则成为人气十足的商业中心。“井和井旅游商店”是我们习惯的叫法，在京都的这家店本身叫作“京极井和井”，是一家针对游客的旅游纪念品商店。但是，请你千万别小看任何一家日本的店铺，这个卖旅游纪念品的商店创业于1902年（明治三十五年），也是名副其实的百年老店。“京极井和井”位于京都最热闹的新京极商业街，主要销售香彩堂的香、和纸纪念品、织物（和服等），还有一些其他和风纪念品（京扇子等）。

風薫る
UC
DC
UFJ
VISA

京極
井和井
antique KIMONO
アンティーク
きもの

香彩堂

香彩堂创立于1994年，在老铺林立的京都，它只算是个“年轻的朋友”。香彩堂这个名字，给人以色彩斑斓的感觉。但是正因为不必背负着老香铺的那些历史荣耀与寄托，所以香彩堂更容易在创新上倾注全力，目标客户也锁定在了年轻人身上。事实上，没有了历史的束缚，香彩堂凭借着准确的定位和出色的商业运作，迅速在京都这个文化古都占据了自己的一席之地。

香彩堂的线香、香包、香膏以及香氛精油，都十分有人气。它的产品目标人群年轻化，设计、包装都走可爱时尚的路线，不仅日本年轻人很喜欢，世界各国的游客也很喜欢香彩堂的产品。线香的制作主要以香精、

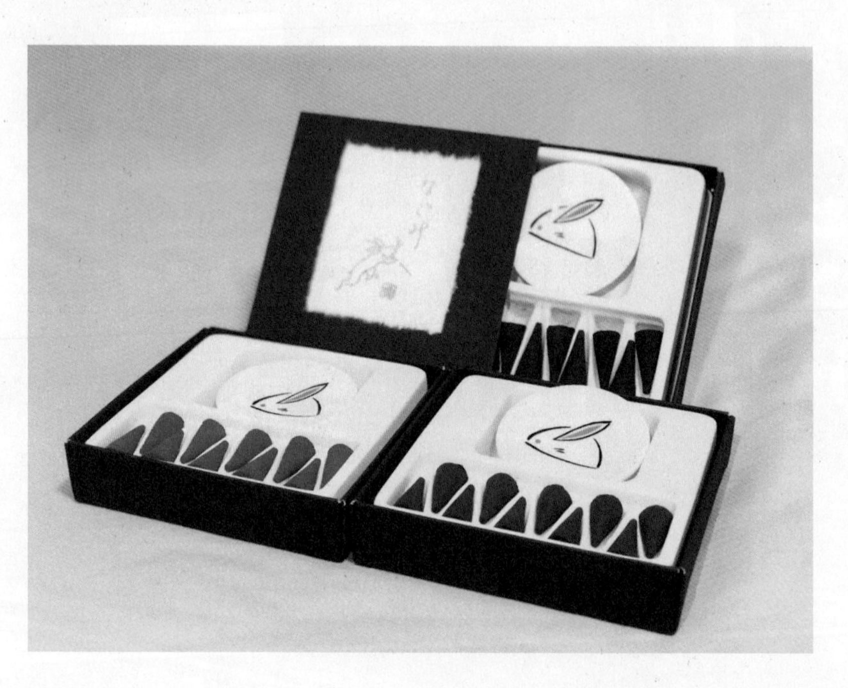

◀香彩堂兔子香

精油香为主，但是制作工艺却丝毫不差。香彩堂的线香点起来丝毫没有普通香精的那种弥漫在空气中的压迫感，而是给人清新自然的感觉。

香彩堂几乎是按照旅游商品的模式来做推广的，京都著名景点附近的很多店铺中，都可以看见香彩堂产品的踪影，这就大大增加了产品的曝光率。加上时尚可爱的包装设计与丰富可靠的系列产品，香彩堂获得了巨大的商业成功。百乐香、空气香氛和各色香包、香膏都是很好的选择。

京极井和井京都店位于“京都市中京区新京极四条上ル”，平日的营业时间是10:30—21:00，周末则提早半小时营业。

石黑香铺

除了“京极井和井”，京都站新干线站内、新大阪JR站三层、成田机场第二航站楼都有“京极井和井”店铺。

日本唯一专营香包的石黑香铺也很有人气，是许多初到京都旅游的人最喜欢的香铺之一。这家小小的香铺外观看起来很不起眼，但是也有着一百六十多年的历史了。

这家香铺有意思之处是，它家香包的样式有上百种，你挑完样式之后再去挑香型，香包内的合香只有四种，可以根据喜好来搭配。

“并香”是清爽中带有淡淡甜味的香型。

“特制香”是加入了独特甜味的香型。通常摆放在房间里或者挂在房间里的香包都是“特制香”的香味。

“极品香”是带有麝香特有的酸甜、魅惑深奥的香型，混合有珍贵麝香的香料。

“白檀香”是檀香香型的合香。

▲石黑香铺四种香型（图片来源：石黑香铺网站）

▲石黑香铺销售的香包（图片来源：石黑香铺网站）

にほひ袋
石黒香舗

京都的香铺有很多，逐一介绍很占篇幅。了解这些香铺就像是读一本书或看一部电影，介绍多些可能大家更容易了解情况，就像旅游做攻略一样，但不期而遇的精彩也许更是探寻本身带来的妙不可言的乐趣。八坂神社附近的丰田爱山堂、三条通的林龙昇香堂等诸多的京都香铺，都交给大家自己去探寻吧。

◀石黑香铺

石黑香铺位于“京都市中京区三条通柳馬場西入”，每天10:00—18:30营业。

二、东京与大阪的香铺

自1868年东京奠都起，东京作为日本的首都已经有一百多年了。东京古时称江户，自从成为首都，逐渐成为日本新的政治、经济和文化中心。而大阪则凭借着独特的地理优势，作为自古以来连接日本与海外的重要港口，在制香方面也有着其特殊的地位。下面和大家简单聊一聊东京和大阪的香铺。

（一）东京的香铺

东京的香铺中最著名的当数日本香堂。这家公司被称为世界上最大的线香公司，其实可以理解为是一个香业集团，旗下“日本香堂”“香十”“鬼头天薰堂”都是业内很有名气的品牌，每一个品牌都可以理解为一个香铺。日本香堂集团中最早创业的品牌为香十，创业于安土桃山的天正年间（1573—1592），距今已有四百四十多年。

香十的第一代创始人是清和源氏的安田义定（曾任镰仓幕府成立时的远江国守谨）的十二代子孙，叫作安田又右卫门源光弘。据说他曾经在御所（也就是天皇居住的宫殿）供职。香十第二代主人政清曾在丰臣秀吉手下，第四代主人政长曾在德川家康手下。在江户时代，第八代主人十右卫门创造了许多铭香，当时就被誉为制香的名人。以后世世代代的香十主人都继承了十右卫门名号。他曾给光格天皇献上了名为“千岁”的铭香，给表千家宗匠制作了名为“九重”的铭香，为茶道薮内派宗匠制作了名为“若草”的铭香，这些都被记录下来，从此，香十的炼香名声大振。他还留下了《家传薰物调合觉书》，其技艺一直传承至今。

▶香十《家传薰物调合觉书》（图片来源：香十网站）

香十

香十的名字源自“香十德”，“香十德”是用汉字四字一句，共十句话来描述有关于香的实用性和好处的内容。让“香十德”有名气的是室町时代禅宗高僧一休宗纯的书法作品。一休宗纯，中国人应该都很熟悉，他就是动画片《聪明的一休》中的一休小和尚。他本人是后小松天皇的皇子，也是著名的高僧和学者，同时也是香的资深爱好者。因为他写了“香十德”的书法作品，当时的很多文人都知道了“香十德”，使得“香十德”广为流传。后小松天皇本人也是一个非常热爱香的资深香友，他还亲自写了一本薰物调配的研究书籍，叫作《后小松院宸翰薰物方》，这本书的抄本古文献在天正年间被香十的第一代创始人收藏了，和他手中其他的古代文献一起，至今仍保存在香十。

◀香十　东京银座本店（图片来源：香十网站）

织田信长统一天下的时候正好是天正年间，而这个时间里“香十德”又流传很广，在日本十分有名，所以香十的第一代创始人安田又右卫门源光弘就用“香十”来命名店铺。这些内容都是从香十的主人们那里口口相传流传至今的。四百四十多年来，以被继承的传统技艺为基础，香十的主人们一直努力地制造香气。他们坚守传统的薰香制作技艺，肩负着香的传承历史，守护着香的文化。

香十的东京店铺位于“東京都中央区銀座”内，每天11:00—19:00营业；京都店铺位于“京都府京都市東山区桝屋町二寧坂店”内，每天10:00—18:00营业。

鬼头天薰堂

除了香十，日本香堂还有另外一个鼎鼎大名的品牌：鬼头天薰堂。鬼头天薰堂的总部在镰仓，离东京很近，所以它也被称为“镰仓的香司”，是镰仓地区最出名的香铺。

历经了一千四百余年的日本香文化，在各自的时代中开花结果，被珍惜地传承下来。平安时代的香为贵族社会增添了光彩。那时香还属于皇家和贵族的爱好，可以被称作“公家的香文化”。到了1183年（寿永二年）秋，源赖朝在镰仓建立了镰仓幕府，武士们登上了国家政治舞台，从此

▼鬼头天薰堂

▲天薰堂每日香系列

也让“武家的香文化”实现了独自的发展。与京都高雅的“公家的香文化”不同，这是一种威严的武士所特有的精神面貌。有记载说当时在战争之前，武士们会点燃最高等级的伽罗来熏自己战时的头盔。据说从这个时候开始，在镰仓就有很多从事香生意的人。随着从室町到江户时代的变迁，香逐渐渗透到普通百姓的生活中。到了明治时期，天薰堂的创始人、天才调香师鬼头勇治郎发明了香水香“花の花”和线香“每日香”，是日本国内市场占有率第一的线香。到了1985年（昭和六十年），古都镰仓举起继承“武家的香文化”的旗帜，鬼头本家天薰堂被复原。

鬼头勇治郎是制作薰香的天才，活跃于明治、大正时期。当时正是西方文化传播最流行的时期，各种新型香料也在此时期传入了日本。各种合成香料的香气持久而稳定，吸引着当时的人们，而天然香料幽深灵动的质感却又不可取代。鬼头勇治郎被西方传来的西洋香水的香味吸引，合成香料与天然香料一样，本身的香气和点燃之后的香气都会有所不同。制作出可以在高温燃烧下依然能散发着绝妙芳香的“香水线香”的技术，在今天看来依旧有许多技术壁垒。对于一百多年前的香匠鬼头勇治郎来说，更是巨大的挑战，难度可想而知。经过不断尝试和艰辛努力，他最终将这两类香料融合在一起，创造出了加入花香的香水香“花の花”。而至今仍经久不衰的名香“每日香”也是他的作品。

今天如果你想了解鬼头天薰堂的香，那么“线香”系列是可以试试的，点燃后仿佛弥漫着在古都镰仓祈祷时的心情。“寿王”“玉芝”“若宫”“镰仓五山”等都是这个系列的。比线香系列高级一些的，是“香木系”系列，有“老松”和“由比が浜”两种。“老松”是伽罗香型，“由比が浜”是白檀香型。

镰仓也曾被称作“花の都”，意为鲜花点缀的古都。传承着鬼头勇治郎技艺的“香水香”系列也是天薰堂当年的创新。这个“香水香”系列线香是以古都镰仓盛开的三种花——若草、玫瑰、紫阳花为意象而创作的，都是以白檀为基底调和的洋溢着现代感的线香。古都镰仓诞生的“香水香”，让人享受到点缀古都四季的美丽花朵的温柔芳香。

除了上面介绍的以外，天薰堂的香包也是一个特色。最有名气的是“かおり小町”香包，翻译成中文就是“薰香小路”，是梅花主题的香包。还

▶天薰堂线香

▶天薰堂香包

注：本页图片引自天薰堂网站

▲天薰堂六薰物

有“鎌倉ふみ香”系列香包，是可以放在书信、名片夹、钱包里使用的超薄香袋，有“蔷薇”“金木樨”“白檀”“沉香”四种香型。

作为一个以调香出名的老香铺，鬼头天薰堂也有炼香产品，而一说到炼香，最有名的莫过于“平安六薰物”了。

对炼香感兴趣的朋友不要错过。

鬼头天薰堂的镰仓店铺位于“神奈川県鎌倉市雪ノ下”。

▲日本香堂正仓院展览限定版线香

在合并了香十与鬼头天薰堂之后，日本香堂一跃成为日本乃至世界最大的线香生产公司。鬼头勇治郎的“每日香”系列也归入了“日本香堂”品牌。“每日香”同时也在各大商场、超市、便利店内上架，成为日本市场占有率最大的一款线香。

既然敢称“世界最大”的线香公司，那么日本香堂的线香不用说，自然是系列众多、品种多样。有“每日香”“大江户香”“香水ESTEBAN”“吉祥如意”“香传”“fm香水线香”“司薰”“乐山”“青云”“清天”“NATU RENSE”“永寿”“花风”“太阳”“高砂”“天坛”“宠物专用”“anming”“悠闲时间”“备长炭除臭”“花香物语”“淡墨の樱”“宇野千代”“梦の梦”等大大小小二十多个系列、上百个品种的线香。这些还没有算上传统“香木类线香”系列和为各大寺院、各个博物馆甚至是每次展览所做的特别定制版线香，如果连这些都算上，几百个品种的线香肯定有了。

在中国，日本香堂比其他的日本香铺更有名气。首先是因为它的名字响亮，以日本国名命名的豪气，使得它更容易被记住。其次，它的品牌多、产品线丰富，各类产品数量居各大香铺之首，这就使它容易成势。当然，最主要的还是因为它的曝光率高，各大景点、博物馆都有日本香堂的影子，去日本旅游很容易遇见它。

日本香堂传统“香木类”线香系列有很多品种，低端一些的包括每日白檀香、特制白檀香、沉香寿山、森の香等；高端的从伽罗金刚、伽罗大观起，一直到顶级系列伽罗桃山、伽罗平安、伽罗飞鸟、伽罗荷叶和伽罗富狱五款。由于高端的线香叫伽罗，名字好听，所以这个系列一直被香友们津津乐道。同样由于原料的稀有，很多款“伽罗”线香已经开始慢慢减少产量，有些已经很难买到了。像日常生活使用的“吉祥如意”系列、“花风”系列、微灰的“清天”系列、消臭去味的“备长炭”系列等也都很有名。日本香堂还有专门给宠物使用的线香系列、结婚使用的“寿 睦香”系列等，实在是太多了。如果让我们一一介绍日本香堂的产品，光是线香展开的话，便足以写出一本书来，所以其中各类产品还是有兴趣的朋友自己来探寻吧。除了各式各样的线香之外，精油、香水、香蜡烛等现代化香薰产品，在日本香堂旗下也有很多，留给大家去探寻，在此不一一介绍了。关于日本香堂更多的子品牌，大家可以去日本香堂的网站上寻找链接。日本香堂集团诸多的香店，大家也可以在网站上找到地址，这里也不一一列举了。

▲京都山口屋

大家如果去东京，可以去看看日本香堂系列的店铺，包括银座附近的香十店铺，镰仓的鬼头天薰堂等。当然像鸠居堂、山田松这样的京都老铺的东京门店，都是可以去逛逛的。另外，如果你没有时间专门去香铺的话也没有关系，在日本各个城市的百货商场里基本都有一些老香铺的香在销售，只不过品种不如各自的本店那么齐全而已。日本的商业部门要求各个百货商场（如高岛屋、伊势丹等）必须要保留日本传统工艺商品的销售，像香、茶具、佛龛、和服这类传统制品是一定可以找到的，一般都在商场的高楼层传统工艺商品区域销售。日本各个职能部门推出了许多的办法保护传统文化，甚至在京都的很多景点，如果你身穿和服，是可以免门票的。

其实在谈到日本的线香时，有一部分很容易被我们忽视，那就是定制香系列。如果你曾信步于日本的各大景点，就会发现几乎只要是收门票的景点，商店里几乎都会有线香出售。这些香中比较有意思而又可成体系的是日本各大寺院的定制香。我们多年前的一天偶然在京都寺院间穿梭，忽然发现每一家寺院几乎都有在老香铺定制的专属用香，于是我们开始寻访各大寺院，收集各个寺院的独一无二的专属用香。要知道日本的包装设计在世界上是一流的，那些各式各样的定制香包装就足以让你应接不暇、神魂颠倒了。各种各样的香气，更是普通人难以完整收集到的，因为品种实在太多了。今天日本这种寺院定制香的形式，是在悠久历史中逐渐沉淀而形成的。

除了寺院外，各处名胜古迹、各地博物馆的情况也类似，几乎都有纪念版的线香销售。每年秋季的正仓院大展，都会有特别定制版的线香出售，而想要完全收集这些纪念版，几乎是不可能的。虽说我们要放下执

▲上左：伽罗金刚
上右：伽罗大观
下：各种寺院定制香

念、贪念，但是作为一种兴趣爱好来说，收集这些线香是非常有意思的。想象一下，平日在家里稍微清闲时，点上一支有故事的线香，让温柔的香气环绕着自己，该是件多么惬意有趣的事情啊！

（二）大阪的香铺

大阪可以说是日本线香的发源地。大阪古时称浪速、难波，据《日本史书》记载，神武天皇乘船自九州向东航行巡视时到了大阪附近，这里水流湍急、浪花翻滚，将此地称为“浪速”，大概也就是这个意思。由于靠近海边的特殊地理位置，大阪自古以来就是重要港口。许多从中国传来的“唐物”到日本的第一中转站就是大阪，其商业十分发达，甚至在江户时期人口一度超过了东京，成为日本第一大城市。茶道大师千利休的家乡就在大阪堺市，那时堺市商人很多，文化也很繁荣，各个行业欣欣向荣，制香行业也在堺市生根发芽。关于日本制香的起源可以追溯到鉴真大师传来的炼香，而线香的制作则有很多不同的版本，但毫无争议的是起源于堺市。

关于日本线香制作的起源和一位叫作小西行长（1558—1600）的武将有关，这位武将在安土桃山时代非常有名。丰臣秀吉曾出兵攻打朝鲜半岛，当时这位小西行长随军出征。在朝鲜战场上征战时，朝鲜当地人逃跑后，他在工厂里就发现了一些机器和原料。由于小西行长的家族经营药铺，所以他对此很感兴趣，就把这些东西打包带回了日本。小西家族在堺市有自己经营的药铺和祖宅，义父是当时十分著名的药商。他带回这个机器之后，发现里面还有一些原料，经过一系列研究后，了解到这些是用来制作线香的。当时带回来的制香机器是木制的，他们找到铁匠根据这个机器的构造制作了铁质的制香机。由于早期堺市生产枪炮，所以铁器制作工艺水平较高，制作的铁质制香机质量就很好，而有了铁质机器生产就变得更加容易了。他们完善了线香制作技术之后，就开始培养制香的匠人，于是线香制作就开始在堺市发展，同时也可以大量生产线香了。

由此可见，在四百多年前朝鲜半岛就已经有了较为成熟的线香制作工艺，后来制香机器流入日本，日本才开始学习制作线香。线香的制作技术最早是从大阪堺市开始的，后来慢慢传到了淡路岛和九州地区。

实际上有关日本线香的历史还有很多不清楚的地方，学术界还没有定论，查阅文献的话，可以找到从室町时代到安土桃山时代线香被当作朋友间的馈赠礼物这样的记录。那时的线香是从中国进口的，基本上都是竹芯香。另有史料记载，江户时期一个叫作五岛一官的人在日本长崎制作线香。通过各种信息综合来看，五岛一官在长崎做香的时间要晚于堺市，而且做的香应该是竹芯香。现在日本已经很少使用竹芯香了，制香界也普遍认为日本今天的线香可能是从江户时代中期，也就是18世纪前半期开始的，大致是从五代将军德川纲吉到八代将军德川吉宗这段时间。当时日本的经济飞速发展，货币经济已经渗透到了农村生活之中，商品经济繁荣发展，日本就逐渐自己开始生产线香了。

翻阅历史，你总能找到沉没于岁月中的那些有趣的人和事。在日本的文献记录中，五岛一官是一个出生于福建的中国人，他到日本去做香，

▶竹芯香

引起了我强烈的兴趣。虽然他晚于堺市的小西行长，但他的故事却相当精彩。中国文献对于五岛一官这个名字并没有太多的记录，但是随着不断深入挖掘，一个人渐渐进入了我的视线。这个人有很多的名字，比如尼古拉斯·加斯巴德、郑一官等，但他最为人知的名字叫作郑芝龙。他一生取得了很多成就，比如他曾打败荷兰东印度公司舰队等，但对历史最大的影响是，他曾去日本娶了一个日本人做老婆，生了一个在中国人人皆知的儿子，叫郑森，也就是后来大名鼎鼎的郑成功。

郑芝龙于1604年（万历三十二年）出生在福建一个小官吏家庭，他十七岁时因家庭生计艰难便带着弟弟赴澳门追寻舅父黄程讨生计，后来他到了马尼拉，还学会了葡萄牙语。他一生精通很多种语言，如日语、荷兰语、西班牙语，这与他长期和海上国家打交道分不开，当时的制海权几乎被外国侵略者统治，只有陆地才是中国的势力范围。1623年（天启三年），他舅舅黄程看他很能干，就派他去日本平户华侨李旦的船上，押送一批白糖、奇楠、麝香、鹿皮等货物，从中国澳门到日本去。后来他侨居长崎，帮助李旦做生意，成为当时最有势力的海商李旦的属下。李旦拥有一支船队，专门从事海外贸易，是当地华侨的首领。李旦觉得郑芝龙能干可靠，“抚为义子”，郑芝龙也“以父事之”，后来李旦交给他一部分资产

▲郑芝龙

和船只让他到越南做生意，开始自己创业。后来没过多久李旦去世了，因为没有妻室子女，便把他的产业留给了郑芝龙。当时的日本德川家族也很重视沉香奇楠这类香木，郑芝龙往返越南等地做生意虽然有巨大的风险，但是也有巨大的利润。如此往来中国、越南、日本，没过几年，郑芝龙就成为巨富，出入上流社会，在日本也非常受到尊重。

郑芝龙励精图治，最终给郑成功留下了庞大的基业。往事随风，这些陈年旧事渐渐被淡忘，但我却因研究香事而了解了郑芝龙的一生。

了解可以随意，但结论一定要谨慎。根据日本各方面的典籍资料显示，五岛一官是于1662年（宽文二年）在长崎开始制造线香的。但据中国历史资料，郑芝龙生于1604年4月16日（明万历三十二年三月十八日），其人生后期归顺大清，郑成功多次劝说无果。后来清朝政府见郑成功不降，便囚禁并最终处死了郑芝龙，时间是1661年11月24日（清顺治十八年、南明永历十五年的十月初三）。这个在日本做线香的中国人五岛一官到底是不是郑芝龙呢？历史的记录总是有些模糊，在不同国家的文献中找寻历史的蛛丝马迹也有许多困难。郑芝龙在日本的经历，包括香料贸易，几乎是很肯定的事实，这些都说明了他跟香有关系。郑芝龙曾居住日本长崎的五岛，当时就被人称作“五岛一官”，除了郑芝龙死于1661年这点外，两者其他重叠的部分都是合乎情理的，两者是同一人几乎是可以肯定的事情。这种记录上的矛盾有两种比较大的可能性，一种是日本的文献记录写错了时间，另一种是大清统治者暗中释放了郑芝龙，而他回了日本，在长崎制作线香。

我习惯把大阪的香铺分为堺市的香铺和市区内的香铺。

1. 堺市

堺市政府非常重视传统技艺类非物质文化遗产，如果大家有兴趣可以去“堺传统产业会馆”参观，里面展示有关堺市的传统手工艺，包括制香、刃具、食品等。堺市自室町时代起便是日本香木进口的中心地，自然药铺、香铺云集。像梅荣堂、奥野晴明堂、薰明堂等香铺更是值得去了解的。堺市是当时的日本重要港口，商业活动繁盛，很容易从海外得到制作线香的原料。另外堺市古时寺院众多，仅次于京都、奈良，被称为“泉南佛国”，这也是堺市最早开始制造线香的重要原因。

梅荣堂始于室町时代，以大和屋觉右卫门为始祖，经营中药批发。1657年（明历三年）开始改名为沉香屋作兵卫，专门经营线香和香木类。这个“沉香屋”是堺市独特的叫法，在中药批发商中只有专门经营香的地方才被特别允许使用。沉香屋作兵卫，简称“沈作”，与当时的“沈八”“沈和”并称为“业界御三家”。在日本，“沉香”就写作“沈香”，所以“沈”在这里就是沉香的意思。江户初期，由于佛教与平民的生活密切相关，香铺得到了很多爱香人的支持。到了明治时期，“沈作”改为“中田梅荣堂”，并开始

▲梅荣堂制香老照片
（图片来源：梅荣堂网站）

▲奥野晴明堂，位于“大阪府堺市堺区市之町東”

为佛教各个宗派总本山定制御用香。梅荣堂的主人们一心一意地做香，已经坚持了三百多年，直至今日。制香，几乎每个店铺都有各自的秘方，匠人们不断坚守，是当之无愧的香文化传承者。一说到梅荣堂，想到的便是“好文木”和“创业三百有余年”。

堺市线香的特色是选用天然香料调配而成，也曾被认为是线香的艺术品。在近两百年的芳香热潮中，室内芳香用香和功效香渐渐成为主流，天然香的功效也逐渐受到关注。2020年“新冠病毒”肆虐，堺市的奥

▲奥野晴明堂2020祈愿香

野晴明堂推出了“祈愿线香”系列。创业于1716年（享保元年）的奥野晴明堂，距今已经有超过三百年的历史，是堺市的老牌香铺之一。由于堺市是日本茶道大师千利休的家乡，所以奥野晴明堂推出的“利休香”“茶香”很有名气。除此以外，“薰翠”和“花の旅”系列线香都是日本人比较喜欢的。

第一代主人北村国太郎创业于1887年（明治二十年），至今已有一百多年的历史，主要以制作线香为主。薰主堂坐落在堺市，店铺也是建于江户末期的建筑，如果你有时间去堺市逛逛，可以寻访一下薰主堂。

薰主堂现在的主人是第三代人北村欣三郎，在他从父亲那里继承下来的陈旧的笔记本上，虽然记载着调和的比例和家传的秘诀，但他自己仍反复试验后创造出新的香味。家里传承着“因为是给佛祖的东西，所以要用心”这样的家训，所以他也一直坚持手工制作。除了大阪府

▼薰主堂

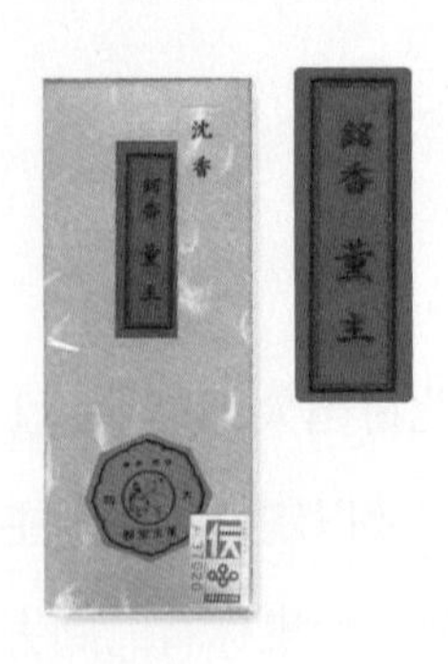

▲左：薰主堂“时代香” 右：薰主堂“薰主”香 （图片来源：薰主堂网站）

传统工艺师以外，他还被堺市评为2002年“堺制作大师”，被认为是守护卓越技艺并被广泛继承的人物，也就是日本的“人间国宝”。沉香主题的“薰主”、白檀主题的“瑞芳”和畅销了近百年的“时代香”是薰主堂最著名的产品。

像薰主堂这样的香铺在堺市还有很多，因为多是成立于明治维新以后，所以与那些动辄二三百年的老香铺比起来好像比较年轻，所以很多这样的香铺很少介绍自己的历史，只是简单地介绍自己创业的时间或是干脆连时间都不介绍，比如薰明堂、贵田沈清堂、森岛如鸠堂等。这些香铺都有各自的特色，也都在堺市兢兢业业地做香，有兴趣的朋友们也可以关注一下，比如薰明堂的“零陵香”就十分有名。

2. 大阪市区内

大阪市内有玉初堂、孔官堂、芳薰堂、香林堂等诸多香铺，其中最为国人熟知的当数玉初堂。大阪的玉初堂创立于江户时代，最早是1804年（文化元年）时在广岛地区开设了一个杂货铺，叫作“中造屋九右卫门”。到了天宝年间，第二代主人作兵卫把店铺搬到了大阪的博劳町，从堺市港口进口中药，经营以沉香、白檀等为主的线香原料，后将店名改为“沉香屋作兵卫”，这个店名跟堺市创业三百余年的梅荣堂一样，不知道两家是不是有些渊源。

1850年（嘉永三年）一位从中国清朝来的制香师“董玉初”来到店铺开始传授中国的制香方法、调香秘法与汉方（中药）香料的知识，于是店铺开始制作高级香品。店铺为了纪念董大师的功绩，改商号为“中造玉初堂”，这就是今天的玉初堂名字的来历。

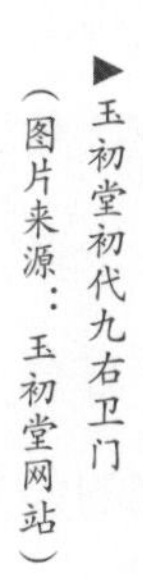

▶玉初堂初代九右卫门（图片来源：玉初堂网站）

到了明治中期，玉初堂开始引进机械设备、调整量产体制，在全国寻求销路，尝试作为线香制造业的飞跃。此后，玉初堂一直致力于线香制作技术的进步：1979年（昭和五十四年）公司提出了划时代的线香干燥技术"层叠干燥法"的设想；1981年（昭和五十六年）为了使线香的干燥工序合理化，并且提高品质，确立了层叠干燥法的技术；1989年（平成元年）获得了"层叠干燥法"日本制造法专利；1992年（平成四年）开发并引进了各种中药粉末由计算机自动计量的香料自动调配系统；2000年（平成十二年）发明了"螺旋线香的新制法"，开发出制香机，并取得了日本制造法专利。

玉初堂因为和一位中国制香师傅的渊源，使得国人对之产生了亲切感，成了大家比较熟悉的香铺。玉初堂不断进取的制香态度，使它保持了长久的生命力。"香树林"系列、"花小袖"香包、"象"系列、传统炼香系列，都比较有名，值得尝试。

孔官堂创业于1883年（明治十六年），是大阪一家主要经营薰物线香的香铺，最受大家喜爱的是"蜜柑""咖啡""巧克力"等"香气记忆"系列和"自然派"系列这两个系列的线香。由于成立至今只有一百三十多年的历史，所以孔官堂在人们的印象里并不像京都的老香铺们那样总有着要传承祖业或是守护传统制香技艺的使命感，更像是一家现代化的公司。孔官堂致力于为人们日常生活提供线香产品，所以线香基本都是生活用香，其中少烟和微烟线香比较有名气。

芳薰堂与孔官堂有些相似，都成立于明治时期，感觉不像京都那些有着悠久历史的老香铺，更像是现代化的制香公司。芳薰堂创业于1895年

（明治二十八年），开始时是销售香和中药原材的原料商，后来慢慢向线香制作发展，目前产品系列包含生活用香等一般的线香，还有以沉香檀香为主题的高级线香等。芳薰堂也是当之无愧的百年老店。

位于大阪四天王寺前的香林堂，一直是我个人比较喜欢的香铺。对于香铺的历史主人并没有透露很多，但是这家的线香确是很能体现匠人精神。如果你置身香林堂的店铺，就会感觉到岁月给予它的沉淀。香林堂早些年还有沉香和伽罗的销售，这些年买的人越来越多，香林堂已经不再出售大块的香木了，只还为老主顾零星销售着各类香木角割。香林堂的产品目前是以线香和烧香为主。烧香就是颗粒状的散香，主要用于祭祀，而线香的用途就多一些。香林堂的线香主要分为高级线香、高级香水线香和实用线香三大系列，而香林堂自己的定位就是高级线香制造

▼香林堂各类线香

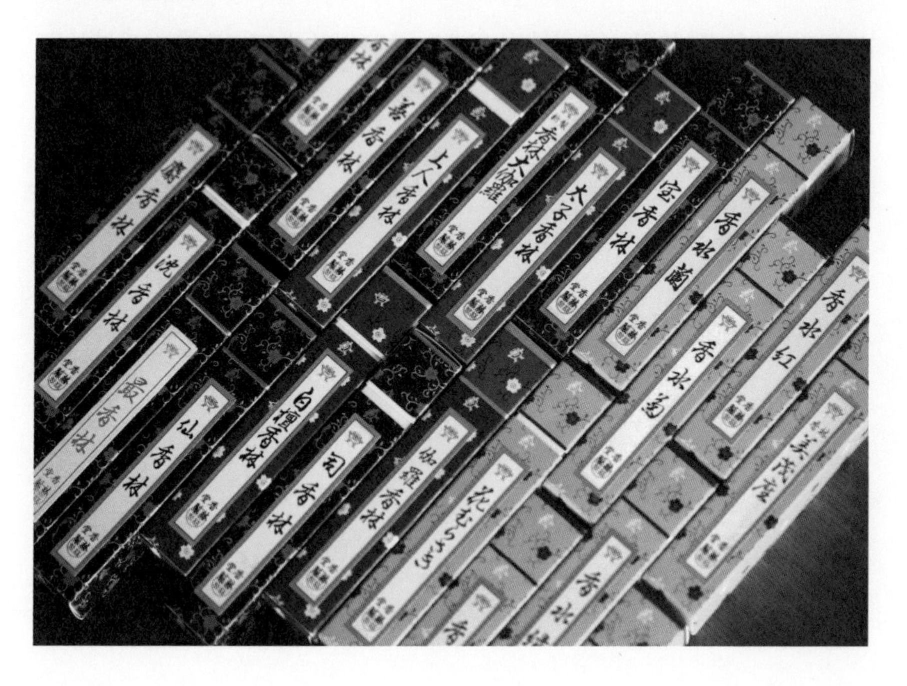

商。其中高级线香是以各种香材原料为主配制而成的天然线香系列，比如“最香林”是高等级沉香、“麝香林”是以麝香为特点调配的、“白檀香林”则是选了各种不同产地的檀香调配而成檀香线香。这个系列中最值得品鉴的，是“新制香林大伽罗”，这是一款真正加入了野生奇楠制成的线香，几乎可以说是可以代表日本伽罗线香制造第一梯队的水平了，我个人认为能与之争锋的，只有精华堂的“极上伽罗”了，像日本香堂的伽罗富狱、松荣堂正觉、山田松鹫树伽罗系列，都可以算是日本伽罗线香第一梯队内的代表。

高级香水线香就是我们通常说的精油线香、香精线香。关于各类线香的区别大家可以关注一下西南香局的《线香》课程，这里就不过多描述了。香林堂的高级香水线香也算是这家的一个特色。实用线香就是日常使用的线香，既可以平时在房间点，也可以在祭奠先人、祈祷时点。香林堂的主人早些年在其他的老香铺里做工，后来创业建立了今天的香林堂。如果你有时间静静品闻香林堂的线香，是可以从中领悟到日本香铺的匠人精神的。

如果你对大阪的香铺有所了解，还有一个不可错过的就是亀山株式会社，和其他的香铺不同，它更像是一家百货制造公司。在日本几乎所有的香铺都用中文名号，因为使用中文要比使用日语的假名显得更加有文化、有历史，而亀山的名号就是“カメヤマ”，由于它们家的蜡烛非常有名，所以我们总是管它叫“亀山蜡烛厂”。亀山株式会社创业于1927年（昭和二年）2月，第一代社长叫作谷川兵三郎，创业初期叫作谷川蜡烛制造所，后来改了名字。公司目前位于大阪市北区大淀中，主要经营蜡烛、线香和室内饰品的加工及销售业务。旗下香薰产品能够舒缓压力，平和心情，精致甜美，深受广大女性的欢迎。关于亀山香薰产品包括蜡烛大家可以自行了解，它家线香确实令人过目不忘，特点就是现代。有多现代感呢？就是制造了许多日常生活里很常见的香气。

▲亀山线香

▲梅小路公园秋景

很多生活中有记忆的香气，都能在龟山线香产品中找到。比如我们小时候的北京，流行一种叫作“酸三色”的水果糖，而龟山就有这种水果糖味的线香，香气几乎和记忆中的一样，除此之外红豆雪糕味、日本清酒味、哈密瓜味、咖喱味、不二家奶糖味等香型更是别家香铺没有尝试的。独特的香气加上完美设计的包装，使得龟山的线香成为少女们的最爱。香精线香有两个技术性的香气指标，一个是没点燃前清闻的香气，另一个是点燃后扩散在空气中的香气。清闻的香气可以使产品更快地抓住消费者，而点燃后空气中飘散的香气则是使用的效果，两者因为出香方式的不同而存在着落差，一个是不加热，另一个是直接点燃。所有的香厂其实都在寻求两者之间的平衡，这其实也是需要技术来解决的。龟山更加追求线香没点燃时闻起来就很像它的主题，比如水果糖、草莓等，所以有时线香点燃后给人的感觉可能还稍微差了一些。龟山虽然有近百年的历史，但制作线香的年头却不太长，总感觉这家的线香制作水平和那些一直做香的老香铺们比起来还有一些小差距。比较明显的一个特征就是线香点起来在近距离品闻会有一种淡淡的压迫感，令人不那么舒畅。香精线香的制作也不仅仅就是将香精加入香粉中制作那么简单，背后需要不断地尝试才能达到最好的效果，制香技术这一领域未来其实还有很多的问题要去解决，但无论如何，若想体验新鲜的线香香型，龟山是一个很好的选择。

在日本，京都、东京的香铺名气最大，其次是大阪的香铺，像堺市、名古屋、淡路岛这些地方的香铺名气就稍差一些。香铺的名气就像是香料的价格一样，不能代表它们价值的高低，只是反映出世人对它们的了解与态度。每一家香铺，都是香文化的传承者，都值得我们怀着敬畏之心去对待。

线香的生产

目前，日本生产线香的工厂主要集中在兵库县淡路岛、大阪府堺市、名古屋所在的爱知县和东京附近的枥木县这四个地区。很多知名的香铺会有多个香厂，一些香厂就设置在这些地方。目前日本线香产量最大的地区是兵库县的淡路岛，据悉可以占到全日本线香生产总量的70%左右。

▼兵库县线香协会

先从淡路岛说起。前面的章节里提到过“淡路飘香”的故事，所以日本的制香人津津乐道于淡路岛与香的渊源，认为香是天神带来的旨意，因此淡路岛自然就成为开设香厂最有彩头的选择。但光有彩头是不够的，必须各方面的条件都要适合才能发展起来，淡路岛就几乎符合了全部开设香厂的条件。令人不曾想到的是，淡路岛制香的开端，却是一段心酸的往事。

江户时代的堺市依旧是繁荣的商业中心，而淡路岛的经济却并不发达，以渔业为主，很多渔民都是以去海上捕鱼为生。淡路岛和堺市原本就有频繁的贸易往来，江户时代淡路岛是属于德岛地区阿波藩的管辖，是德岛地区阿波藩将军的属地，并不是和现在一样属于兵库县神户地区。淡路岛上制香起源在江井地区，这里是当时将军府的直属部门所在地，所以当地各种各样的待遇都跟淡路岛上其他地方不一样，所以此地区的人们才有了可以去大阪堺市发展的机会和条件。

由于淡路岛上的居民有驾船经验，所以他们都去堺市进货，再把堺市和长崎那边的东西运到淡路岛来，渐渐地附近各个港口的货物贸易都会在淡路岛进行中转，到了江户时代这里就变成了一个非常忙碌的港口。但是由于特殊的地理位置，每年冬季一到船运业便无法运转，在西北风特别厉害的时候，人们就没有办法出港了。当时的条件很艰苦，人们生活不易，于是渔民与船夫就到周边神户等地区做酒谋生。外出做酒的人们迫于生计，只能将妻儿老小留在淡路岛的家里，而留在家里的这些妻儿老小很多人都失去了活下去的条件，不断地有人被饿死。这个悲惨的状况让人们难过不已，于是当时淡路岛上七个最大的船家就聚集在一起商量对策，希望想个办法让留守在此的人们能够有条生路。历史把这个使

▲淡路岛江井制香

命交给了一个叫作田中辰造的人。田中辰造本身是淡路岛上一个染布坊的人，因为做生意而经常去堺市。他常常看到堺市的男女老少在努力地生产线香，心想如果淡路岛的居民可以在冬季来临的时候也把制作线香当作兼职或是增加一些收入，那该是多好的事情啊。根据当时的户籍资料和寺院里留下的一些记录，淡路岛开始发展线香制造的时候田中辰造已经五十多岁了，他放弃了自己家里长年经营的染织生意，开始在堺市到制香厂学习制香技术。田中辰造外出学习归来之后，当时淡路岛那七个船家就集资给他，让他买一些货回来，教淡路岛的人们做线香，这就开启了淡路岛居民制作线香的历史。

田中辰造在回到淡路岛的时候，也带回了一些堺市的匠人。随后大家把从堺市过来的匠人们安置在江井地区，让他们一起带着大家生产线香。

当时所有生产原料都是从堺市直接运到淡路岛来的。淡路岛人以前就是搞船运的，帮着堺市运送货品，所以他们熟知附近像九州、四国这些地方哪里需要线香产品，他们就把这些制作好的线香直接送到客户手中。因为地理位置优越，加上本身就是搞运输的，他们会比堺市的商人们更快地沟通和交货，渐渐地就形成了自己的销售优势，慢慢地通过制作和销售线香使淡路岛繁荣起来。田中辰造带领大家制造线香，并不是为了追求自己的利益，而是为了救助家乡的人们，也是出于他对家乡故土的热爱。现在仍在淡路岛制香的人们十分敬仰他。

后来，淡路岛的线香生意逐渐变大，越来越有名气，日本也从江户时代走到了明治维新。明治维新之后，第二次世界大战爆发。“二战”过后，

▲淡路岛港口风景

由于经历了战火，京都、奈良、堺市的许多老香铺都没有办法生产了，而像广岛、长崎这些地方，更是生灵涂炭。这些老香铺们都是制香界的元老，早就知道淡路岛这里有工厂，有技术人员，于是他们就找到这里。淡路岛有技术、有人员，老香铺有配方，于是“二战”后的线香生产又开始恢复了。淡路岛上的香铺在此之前只生产人们上坟和祭拜先人的祭祀用香，主要是杉木香，也就是很普通的线香，直到“二战”过后京都大阪的老香铺找上门来委托加工，他们才开始生产日常生活中使用的高级线香。

淡路岛的气候十分适合制作线香。淡路岛海边的风可以使线香成型时自然风干的速度更快，这一点在古代是十分明显的制香优势。虽然到了冬季西北风会很大，但即便是最寒冷的时候，淡路岛的气温也在零上五度左右，这就保证了在冬季做线香也不会被冻坏。一旦气温降到零度以下，线香就会被冻碎，所以日本很多地区冬季是没有办法做线香的，只能制作炼香。正因如此，很多日本的老香铺还保留着冬季制作炼香的传统，在一些香铺里夏天和秋天是买不到炼香的。

淡路岛上的梅薰堂创业于1850年（嘉永三年），有着一百七十年的历史，一直由吉井家族传承，是淡路岛上历史最为悠久的一家香铺。淡路岛的田中辰造为了家乡的居民才去堺市学艺，外出时已经五十多岁了，岛民们都很尊敬他。他带艺归来带领岛民开创制香事业，这些人里面有一个人就是吉井家的先人，于是梅薰堂就开始了线香的制作，直至今天。“二战”前梅薰堂也主要是做普通扫墓祭拜用的线香，直到大阪的香铺带着配方找到他们，他们才开始制作高级线香。梅薰堂的主人吉井先生十分热情好客，经常为大家免费介绍淡路岛制香的发展历史。今天

▶吉井先生介绍淡路岛制香行业历史

的日本几乎都是自动化制香了，只有梅薰堂还保留手工制香，几位老人每天都在兢兢业业地工作，已经几十年如此了。

日本的线香大致可以分为四类：第一类是传统线香，一般由各种汉方香料（中药香料）制成，其中还可分成高级线香和普通线香，高级线香一般是由伽罗、沉香、白檀直接制成，除了这些原料以外，就只有天然粘粉，这类线香基本用于品鉴与欣赏，在一些高级待客场合应用。普通线香则一般是以传统汉方香料配合椨粉调配而成。“椨”是日本线香制作

▲梅薰堂老制香人

中的一类主要原料，普通传统线香都会以椨粉为主，再根据不同的线香主题加入其他的天然香料，在这类线香里，有时也会使用香精油类香料，不过多是以天然精油为主。这类添加了天然精油的线香，在日本也被认为是天然线香。天然精油如果并未添加人工合成香料，叫作天然线香也未有何不妥，如果精油选用传统蒸馏法提取，就更没有任何异议了。这样看来，精油制香技术也可以算是传统制香技术的发展。为了在定义上好区分，我们习惯把纯天然香原料制成的线香叫作天然线香，把使用了天然精油制作的线香称为精油线香，而把添加了人工合成香料的线香称为香精香。天然精油在日本线香制作中的应用很广，熟悉日本线香的朋友都知道日本的线香哪怕是纯天然香料制成的线香也几乎都带有一种精油味儿。这是因为一般所有香铺都生产精油线香，精油的味道浓郁持久，很容易沾染到其他的天然线香上。

“椨”是一个日语词汇，翻译过来应该就是指樟科植物红楠（学名：Machilus thunbergii Sieb. et Zucc.），椨木打粉可以制香，椨皮粉是红楠的根皮干燥后破碎打粉而成的，可以当作粘粉。“椨”线香是日本线香最主要的组成部分，占到日本线香的大多数，这也是日本线香跟中国线香非常不同的一点。在中国一款沉香线香基本上就应该是由沉香原材经炮制打粉后加入粘粉直接制作而成的，而在日本一款沉香线香很有可能里面只有两三成沉香，其他大部分都是“椨”。这是中日制香历史上的传承不同而形成的现象。

第二类线香是控烟线香，一般是通过制香技术使线香少烟、微烟或是无烟，其主要原理是在香料中加入炭粉，根据加炭粉量的不同，烟量也会不同。很多无烟香就是直接用炭粉、粘粉和精油制成。纯天然的香料本

▲梅薰堂制香原料展示

身点燃就会有烟，而选用纯天然的精油配合炭粉制香，就可以最大限度降低烟量，甚至做到无烟。这类控烟线香一般都是黑色，点燃之后红色的火头比一般的线香都要长，一般的线香火头都在2毫米左右，这类加入大量炭粉的线香火头有的可以在5毫米以上。在线香制作中加入炭粉有降低烟量的作用，主要是因为优质炭点燃后味道很轻，几乎无烟，所以炭粉比例越大，所制出线香的烟量就越小。炭粉本身具有吸附的作用，无烟香点燃后主要作用是消除臭味，比如在刚刚抽过烟的房间内点燃无烟香，就可以很快去掉屋内的烟气，应用在卫生间也是很好的。

在各种木炭粉中“备长炭”的等级最高。备长炭源自江户时代的元禄年间，由和歌山县田边市的备中屋长左卫门开始制作这种木炭因而得名。

现在备长炭的加工产地也是在和歌山县，因为本身就有消臭除味的功能，所以在线香中也有应用。很多带有颜色的微烟线香，看起来没有什么特别之处，但其实制香时有很多的技术在里面。比如加了炭粉的线香本身颜色就很黑了，如何再给它们上颜色就是技术。梅薰堂拥有的线香加备长炭的技术，现在已被日本指定为传统保护技术。

第三类线香一般被称作杉香，主要原料是杉树的叶子，这些杉树叶本身是带有一定的黏性的，相传也是鉴真大师教日本人使用的。不过鉴真生活的时代还没有线香，只是将这种杉叶粉加入炼香中以配合炼蜜充当黏合剂。这种杉香的材料基础就只是杉树叶（不用木材和其他粘粉）加上颜色和水，成泥后直接挤香成型制成。杉树的叶子点燃后是有一些气味的，所以这些杉香做好之后可以在扫墓祭拜时使用，外观则多是绿色或黑色的线香。日本人种植杉树的历史至少可以追溯到平安时代，在日本关西的近畿地区也就是京都、奈良这些地方有超过一千年的天然杉树林，到了江户时期日本全国各地又开始种植杉树，所以杉树的叶子在日本非常多。由于杉香不使用香料，所以非常便宜，非常适合平民大众使

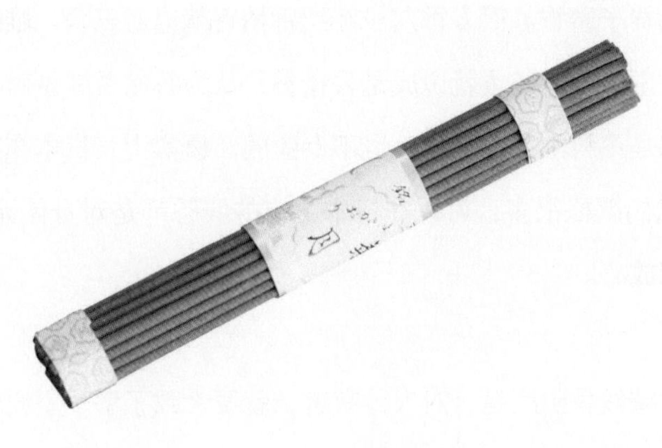

▲杉木香

用。古代日本人认为杉树叶点燃后有去除污秽、净化环境的作用，所以古代应用就非常广泛。今天杉香因为香气不够，所以一般只是传统线香的替代品，只在扫墓时使用，早期淡路岛香厂制作的线香就是这一类。这类线香目前在佛具店、超市里还可以买到，日常使用量也很大。

最后一种就是香精线香。明治维新之后的日本全面西化，大量化工合成香料进入日本，一些香铺在坚守传统制香的基础上，也开始尝试使用各种各样的新型合成香料。虽然天然香料的灵动与深幽是合成香料无法替代的，但合成香料浓郁、稳定的香气特点和相对低廉的价格却是推动技术进步的新动力。日本线香技术发展最快的时间是在“二战”后，而合成香料的广泛应用也是在“二战”以后，这是制香技术的一个大台阶。这些线香基本上是由木粉、香精、色素和粘粉制成的，木粉通常使用杉木、杉树叶、椨木等。在日本一般使用食用色素，比较安全。使用食用色素一般有两个目的，一是好看，二是香厂加工很多种线香，不同的颜色可以使工人们更好地区分它们，以免装混。有一些合成香料，因为经过了多个行业的实践应用，生产试验技术日趋成熟，稳定性和安全性都很好，比如合成麝香，还有一些合成香料因为被发现了毒性，所以逐渐被淘汰，比如葵子麝香。很多香友一听到香精香就退避三舍，唯恐避之不及，甚至一说到日本线香就说成是香精香，认为香精香就是对身体有害的，这些都是不科学、不合理，也不专业的。事实上，日本在产品安全方面要比我们严格很多，可以在日本上市的线香都是对身体无害的，这一点请大家放心。

要想搞清楚香精线香到底是否对人体有害，就要大致了解一下原理。人工合成香料其实并不可怕，在我们的日常生活中，每天都会接触许多合成香料，比如香皂、洗手液、洗发水和各类化妆品。有时当你走近酒店、商场时也会闻到一些香气，这些大空间空气香氛中也含有合成香料。所以请放心，大部分法律法规允许应用的合成香料都是安全的。“香精香就是对身体有害的”这类言论，看似骇人听闻，也并不是毫无道理的，但目前只要是正规厂家出产的合格产品，应用都是安全的。

了解了香精线香的制作就会知道，香精香主要是由木粉配合香精制成，国内的正规厂家是不会使用对人体有害的香精的，但是一些小作坊为了追求利益，会使用价格低廉的有浓郁味道的化工原料，这些就会导致制出的线香对人体有害。有些是知假造假，但还有很多小作坊是因为知识水平低下，对是否安全毫无所知，所以制造出有害产品，这些情况是可怜而又可悲的。除了香精原料以外，制香的木粉也是安全问题的关键之一。正规的厂家在制作香精线香的时候都会使用天然木粉配合安全的香精来制作，这些线香是安全的，但一些不良厂家为了降低成本，干脆连天然木粉也不使用，而是用那些工业板材废料来制作线香，比如大芯板、密度板等，这些板材在制作时使用甲醛胶水等有害材料，所以用这类材料制作的线香都对人体有害。由此可见，香精线香不可怕，不良厂家才可怕，无知盲从才可怕。既然要用香，就尽量用一些好点的香吧。无论是天然香还是香精香，至少是要用到安全的香，稍稍留意就可以避免买到劣质香。只要你买到的不是那种包装简陋、五颜六色、香气刺鼻、价格非常低廉的线香，安全性的问题就不大。

从前人们使用天然精油和合成香精制作线香有许多技术难点需要突破。从制香技术的层面来说，线香直接生闻的味道和点燃的味道，由于用香方式的不同而有区别。很多新的香型可能需要在生闻的时候就很吸引人，所以制香调配香料时要平衡同一款香的这两种不同状态下的表现。一些线香在制造过程中太过于注重生闻时的香气，就很容易忽略点燃后在空气中的用香感受，导致点燃后的香气带有一种不太清新顺畅的感觉，我们习惯上称为压迫感。敏感的人都会感受到这种压迫感，从而认为这类香气不太高级，这些都是制香中需要技术改进的地方。一些有着高要求的老香铺制造出的经典线香产品，无论是精油还是香精香，都是经过了千百次的调制才使产品达到最好状态的。

聊完日本线香的种类，再让我们回到淡路岛。淡路岛上还有一家叫作"淡路梅薰堂"的香铺，原来和梅薰堂本是一家，后来因为老的店主去世，两家人就逐渐分家了。其中股份多的吉井家保存了梅薰堂的名号，并一直继续经营着，另外一家则自立门户，建立了淡路梅薰堂。淡路梅薰堂家现在已经将家业传给了下一代人经营，当今主人的妈妈有着调香师资格，所以淡路梅薰堂家的线香给人以清新现代的感觉，很受年轻人的喜爱。淡路梅薰堂也积极宣传传统制香和现代调香文化，在自家店铺经常举办制香手作的团队体验活动。

如果你想参加淡路岛的手作团队活动，不得不提的是薰寿堂和PARCHEZ香馆。这两家都是西南香局淡路岛制香游学必去的香手作体验中心。薰寿堂是淡路岛上的一家香厂，开放了香厂"见学"体验，游客可以在工厂里看到香料被制成线香的全过程，全程都有日文讲解。除了"见学"，手作体验也很吸引人，大家可以在薰寿堂的教室制作线香、炼香和印香等传统香品，了解日本香文化的历史。

薰寿堂的历史虽然和京都那些动辄有着几百年历史的老香铺没法比，但

▲淡路梅薰堂手工课

▲上：薰寿堂游学讲解
下：薰寿堂展览室

是薰寿堂努力推广香文化、普及用香及为顾客提供高质量产品的企业目标却同样值得尊敬。薰寿堂致力于持续开发符合时代需求的香制品。据了解在1975年(昭和五十年)，为了满足爱用者“线香不臭，烟少”的要求，薰寿堂在世界上首次发售了“微烟型”线香，香味也不是当时主流的带有沉香气味的香味，而是花香型微烟线香。两年后，为了满足“即使是微烟型也想要香木系香味”的要求，又推出了使用天然白檀的微烟型线香。在1986年11月的客户问卷调查中，薰寿堂发现用香人群对线香有着一些期望:(1)长时间燃烧;(2)接近无烟的微烟;(3)白色的香灰;(4)柔和的香味，于是工厂对原材料、制造工序及设备进行了更新，推出了新一代的产品。薰寿堂对于技术进步的追求从未停止，2005年薰寿堂在业界和健康机构共同研究，在香味中加入了带有保健功能的天然“汉方药”，推出了100%天然线香商品“汉健香”系列(愈、鼻、眠、瘦、净5种)，为了让顾客放心使用，薰寿堂公开了全部成分，在日本国内被各种媒体报道并受到好评。“汉健香”系列也是国人最熟知的薰寿堂线香。

PARCHEZ香馆包含有围绕着种植各类芳香植物的“香气小路”、市民农场，还有可以学习香料、香水知识并且参加课程的“香馆”、购物的

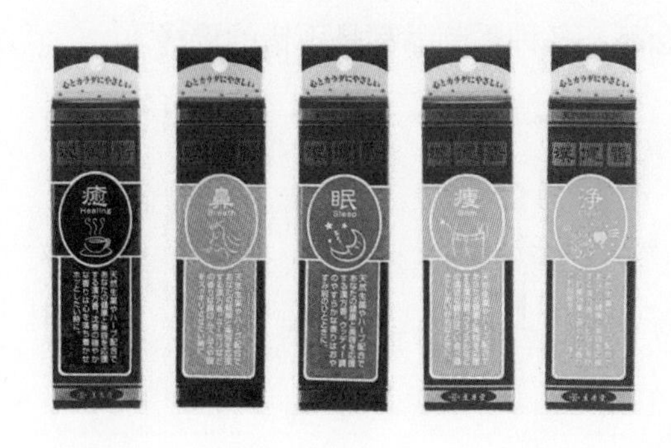

▶薰寿堂汉健香系列

▲香气小路

“特产馆”，可以住宿的“香宿”和可以泡温泉的“香汤”等，是淡路岛上一家以香为主题的活动中心。如果有时间，可以安排在这里待上一两天，十分惬意舒适。香馆里有各种天然香料和精油的展示，向游人介绍世界各地的香文化。这里每天还有各种关于香的手作课程，游客们可以在这里制作香水、香皂、香蜡烛、空气香氛等。如果不想跑来跑去，还可以直接住在这里，这里的“香宿”提供温馨的住宿环境，可以选择传统的打地铺的“和式”房间和现代的睡在床上的“洋式”房间。“香宿”还提供正宗的日式料理，牛火锅配上清酒，实在是一种享受。如果你平时身体有些不舒服或是经常感觉到疲劳，那你可以选择去“香汤”泡一泡，里面的池子都是带有功效的。临走的时候，“特产馆”里还可以买到淡路岛的纪念品，各种香制品都是不错的选择。

PARCHEZ 香馆位于“兵库县淡路市尾崎”。

淡路岛上还有一家叫作“香司”的公司，他们把淡路岛上的很多店家的香集中在一起进行推广。由于淡路岛上每家香铺都有自己的特色，“香司”就从每家挑出一些线香做成合集，团结各家香铺在一起，代表淡路岛去全国各地展示推广。淡路岛香铺间的团结合作更是传统商业的典范，并且这种团结是有其历史渊源的，岛上的老香铺主曾给我们讲了许多关于古代淡路岛线香经营的故事。在古代，很多时候生意并不那么好做，很多香铺的经营都很困难，一些京都、大阪的客户找到淡路岛来要购买线香时，如果他们找到的香铺日子还过得去，这家香铺主人就会说自家的线香还要做给老客人，没法销售给他们，而把日子过得最苦的香铺推荐给要买香的人，这样就使经营最弱的香铺也可以维持下去。每次听到这些故事，我都感慨、感动，人与人之间的关爱和支持，就在这些事情上自然地流露着。这些香铺不会考虑自己多卖一些香，就会多赚一些钱，生活就多一份保障，而是想着还有邻居快坚持不下去了，要让别人体面地一起存活下去。只要大家可以一起存活下去，淡路岛上就还会有许许多多制造线香的香铺，就会形成“势”，就会让客人一买线香就想到淡路岛，大家就都有更大的机会生存下去，就可以让后人以此为生。恶意竞争、相互抢客人，最终会导致大家的饭碗都没了。同样为了生存，可以有不一样的对待方式，这种方式需要人们多么温柔善良、多么相互信任啊，这是寒夜中的火堆，更是人生的智慧。在淡路岛，我们了解到了很多关于日本制香的历史和老香铺发展的情况，有知识，也有感动。同时，也让我们对未来充满信心。

淡路岛上的旅行团很少，比较清静。如果有机会去日本关西地区旅游，可以安排两三日在淡路岛，从大阪关西机场到淡路岛也很方便。淡路岛上的很多香铺都为游客开放，逛逛这些香铺去“寻香”也是很有意思的。

要是缘分到了，还可以跟着西南香局一起去日本游学，在轻松愉悦的环境下了解香事、增长知识。由于淡路岛上的香铺实在是太多了，很难做到一一进行介绍，剩下的就交给大家自己去了解吧。

除了上面提到过的香铺以外，日本线香的发烧友们还有一个系列是绝对不会错过的，那就是收集日本各大寺院的定制线香。日本的佛教在现代生活中依然完好地保存着，佛教中有很多各个派别的寺院，稍微大一些的寺院都会有自己定制的线香。他们会选择与自己关系好的香铺，委托他们加工生产特别定制款的线香。这些线香的包装各有特点，香气也各不相同，一般只有到了寺院里才能够买到，所以很有纪念意义，有很多人专门为了收集各式的线香而跑遍了各大寺院。如果想收集全京都、大阪地区的各大知名寺院中的线香，并非易事，所以收集全日本寺院的线香更是很困难。不过想想，要是在日本旅游时拿着地图寻访各大寺院去收集定制款线香，也是一件非常有意思的事啊。西南香局秉着研究学习的态度，大概已经收集了几十种不同寺院的线香了。

在日本，如果你要拜访一位文化底蕴深厚的先生，那么最好的伴手礼可能就是香铺里的线香了。一种由大漆制成的线香礼盒，被认为是既传统又体面的礼物。首先，香不同于其他普通日用品，不论古代还是现代，香都是高档的商品。一般来说，生活越好的家庭，使用的香就越好，用香在很多的家庭中，都是必不可少的。

那么我们用香为了什么呢？总结起来，是为了两个字——认真。拜佛点香就是对佛祖的认真，就是自己那颗虔诚的心；祭拜点香是对已故亲人的认真，就是自己的那份不舍和思念；祈愿点香就是对未来的认真，是我们善良而美好的愿望；平时生活里点香就是对自己的认真，就是自己讲究而不将就的生活态度。

▶御香礼盒

点香是传统生活在今天的延续，可以让人心生敬畏。点香的时候，我们可以找到对神灵的敬畏、对先祖的敬畏。这些敬畏，可以让我们的生活更加美好充实。其实在日本，用香也并不是没有中断过。20世纪上半叶的战争，使得日本的制香产业也受到了冲击，不过在“二战”之后日本的重建速度是非常快的，不仅仅是生产、经济等方面，在教育以及文化方面的恢复速度也是很快的。一些老香铺怀揣着文化复兴的使命感，在恢复商品生产的同时，努力弘扬传统文化。比如一些香铺在推广线香产品的时候，并不是在宣传自己的产品有多好，多么物美价廉，而是致力于宣传传统用香方式。香铺会给大家介绍传统的用香习俗，比如结婚时是需要线香的，线香和蜡烛都是必不可少的礼物，对于一个新媳妇来说，嫁入婆家后的第一件事就是给婆家先人上香，来表示延续香火的决心，这种美好的传统在战争时期被人们渐渐遗忘，但是又在和平时期迅速地被恢复。正是这种对于自己传统文化的热爱，使得日本香文化迅速恢复并且不断发展。

葬礼上或丧期满时举行法事等场合要使用线香。在日本，哀思与祈愿的时候，线香是必不可少的，寺院里每天都有早晚课，日语中称作“勤行”（也就是按时祈祷）。一般亲友离世后，应在屋内设置灵台，既可以是小佛坛，也可以简单地在立式照片架前放上香炉，以便每日供香，如果条件允许，还会在香炉的左边放一个花瓶，右边放一支蜡烛，每日供奉花香烛光。更传统的家庭，每餐都要把餐食恭敬地一一摆放在小盘子里供奉在佛龛前。虔诚的人，家中都有佛坛，每天早上要给花瓶换水，摆上米饭和茶水，点上蜡烛，熏上线香。

随着现代生活节奏的加快，有时无法在家中设置佛龛，特别是夫妻两人每天都上班，这样的话每日供养比较辛苦。

如果也没有时间去寺院，简单地在家里点一支香也是可以的。因为思念故人，最好的方式就是点上一支香。其实并不需要在规定某一天，想起故人时就可以点一根线香，和故人说说话，也是最好的供养。

通常只需要拥有一个小香炉和一些线香就可以了。人们恭敬地净手，也就是洗手，之后再将香炉放置在桌子中间，点燃一支线香，双手合十，静静地闭上双眼，然后虔诚地祈愿，或者哪怕只是自己跟自己静静地待一会儿、说说话，这也是忙碌生活中难得而清闲惬意的时光。

除了供奉、祭奠、祈愿以外，线香还有很多作用。比如清洁环境、去除异味，或是只为了欣赏美妙的香气。清晨点上一支香是有很多好处的。人经过一晚的休息，身体内特别是口腔中的细菌会产生一些气味，这些气味会伴随着呼吸排出体外，使得房间里有一些不那么清新的味道。清晨起床后点上一支线香，可以迅速去除这些不好的气味，从而使人神清气爽，让人感到非常惬意。如果遇到周末在家里，点上一支天然沉香是非常不错的选择，沉香自古是受到人们喜爱的，淡雅的香气很容易让人安静下来。特别是到了冬天，人们开窗比较少，空气不太流通，这个时候点上一支线香，烟气渐渐上升形成云雾层，遇到阳光照射，仿佛一下就穿越到了古代的某个时刻。

像烧香、炼香或是涂香这类香品，在寺院或是茶道这类传统文化活动中会使用得多一些，而在普通人的生活中已经渐渐变少了。但因为线香是目前使用最方便的传统香品，所以还一直在日常生活中使用，保持着持久的生命力。感受线香美好的香气是一种奢侈的生活体验，在文化生活复兴的日本，现在已经越来越多地被人们接受。

除了各式的传统香品以外，日本的香铺们也一直保持着产品的丰富与创新。像精油、香薰蜡烛及各类新式香品更多地被推出，并渐渐走进了人们的生活。

精油是另一大类现代香品，在起居室、卧室、厨房、卫生间、鞋柜、书柜等家中各个地方，目前天然精油已经开始代替空气清新剂，逐渐走进了日本人的生活。在卧室，精油可以静心安宁、舒缓情绪；在书柜中，精油可以防虫护书、提神醒脑；在衣柜、鞋柜中，精油可以保持清爽、衣物增香、杀菌防臭；在厨房中，精油可以美化心情、驱除蟑螂、祛油烟味；在卫生间，精油可以去除异味、杀菌消毒。各式各样的精油只要点上一滴，就可以在拥有美妙香气的同时获得各种不同的功效，这就是精油备受青睐的原因。关于精油的使用，远远不止于此，除了直接的日用以外，天然精油还可以用来制作香水和芳疗。制作香水是一个小众的爱好，除了购买各种小众香水以外，自己调配香水目前也在日本渐渐流行起来。今天我们常见的香水是以酒精和水为主要溶剂，调配天然精油及各类合成香料而制成的。所以作为制作香水的原料之一，精油的应用也逐渐增多。

除了直接使用和配制香水这类直接追求气味的使用方式以外，由于天然精油源自植物，所以对于人体的功效也被人们重视，后来人们渐渐促成了芳疗产业。芳疗，就是芳香疗法的简称，是指利用天然芳香植物精油来辅助医疗的一种治疗方法。芳疗也可分为广义的芳疗与狭义的芳疗，广义的芳疗是指所有通过使用芳香物质达到预防与治疗疾病的方法，比如中国古人焚香来预防时疫，都可以算作广义的芳疗，而下面所说的芳疗是指使用精油来达到功效的狭义的芳疗。芳疗强调天然植物精油的功效，也就是对人体的作用，一般是以闻香、沐浴和按摩的形式使精油对机体产生作用，其中以精油按摩的形式最为常见。人类对于精油的应用有着悠久的历史，但真正的近代芳疗的整理与应用才有着不到百年的历史。芳疗并不是为了取代现代医疗，而是辅助医疗，芳疗在许多病人康复的过程中起到了很大的作用。这些天然植物的功效也逐渐在生活中为人所熟知，比如薰衣草精油有防虫和安神助眠的功效，而玫瑰精油可以减少疼痛和舒缓情绪。但真正的芳疗知识不是仅仅在网上搜索一下就可以全面获得的，还需要在实践中获得经验，各类精油的使用方式也各不相同，很多精油直接涂抹在皮肤上会产生红疹等不良反应，在应用中需要配合基底油稀释来用。除此以外，精油的品种繁多，比如玫瑰精油常见的就有十几个不同品种，每一种精油的功效都不完全相同，所以如果想深入学习芳疗知识，还需要下一番功夫才行。目前日本引进了西方的芳疗体系，逐渐形成了自己的芳疗行业。

除了精油以外，香薰蜡烛也是日本非常流行的产品。前面章节里提到的龟山蜡烛厂，就是一家专门以研发销售蜡烛为主的企业。人生常常被比喻成蜡烛，就像小小的生命，在成长的过程中，知道了自己可以为世界带来温暖的作用，那跳动的火光就像是永不熄灭的热情，伴随着成长就这样燃烧着。蜡烛燃烧着自己的身体，也照亮了周围，人们也都是在为了身边的人而努力拼命地活着，既有对新生命的喜悦，也有年复一年的慈爱，还有那离别的悲伤。烛光从人出生的时刻开始就伴随着我们的一生，从生到死的每一个重要场合都有烛光见证着。在婚礼上，烛光意味着新的家庭的诞生，也意味着即将到来的新生命；在生日和纪念日的时候，烛光陪伴我们被笑容包围；在生命被上天召唤的时候，烛光也一直被点亮着。除此以外，日本人早晚双手合十面对的神龛里，烛光也在不停地跳动。带有香气的蜡烛，也被认为是很好的礼物。

一般来说，日本的蜡烛被分成了用来供奉的普通蜡烛和用来营造环境气氛的香薰蜡烛。这些蜡烛在各个超市里都可以买到，如果需要品牌的香薰蜡烛，推荐到各大香铺和现代香氛店铺，或是百货商场传统工艺品销售楼层里去购买，一般是在高楼层。香薰蜡烛不仅仅点燃之后有香气，跳动的烛火本身也是烘托气氛的高手，可以将房间变得温馨浪漫。如果想了解日本本土的香薰蜡烛，薰玉堂、日本香堂和龟山蜡烛厂的产品都是不错的选择。

除了精油与香薰蜡烛，日本的香水业也很发达。除了大家熟知的高田贤三（KENZO）、三宅一生等时装品牌的香水以外，像 AUX PARADIS、OHANA MAHAALO 等香水小众品牌也是十分出位的。对香水发烧友来说，日系香水也是绝对值得深入了解的。

日本的香文化，就是由各种各样的缘分汇集到一起才形成了今天的样子。线香、香丸也好，精油、香水也好，各类不同的香产品共同支撑着香文化不断地发展。正是这些活跃在香文化各个领域的职人们，用他们坚守的决心，让香文化在日本一直延续至今并不断地创新。

日本不曾间断的香文化，让中国的香人们对于亚洲地区的传统香事有了很好的借鉴与参考，也是日本香人们的创新，让中国香事有了更广阔的眼界与胸襟。西南香局多年来也一直组织各个国家的香学游学，为中国

▲西南香局日本游学

传统香事复兴贡献着自己的一份力量。

下附日本部分香铺店名：

京都鸠居堂、松荣堂、山田松、薰玉堂、林龙昇香堂、香彩堂、丰田爱山堂、石黑香铺、高桥昇香堂、江川光玉堂、柳田爱美香店、高野山大师堂、梅荣堂、香林堂、孔官堂、奥野晴明堂、中辰香房、古香堂（梅荣堂）、薰主堂、贵田沈清堂、薰寿堂、华苑、平安堂、玉初堂、日本香堂、香十、鬼头天薰堂、泽田昇云堂、小川春香堂、黑川线香制造所、菊谷生进堂、法泉堂、铃木薰香堂、梅薰堂、淡路梅薰堂、尚林堂、薰明堂、诚寿堂、大発、岩佐佛喜堂、庆贺堂、精华堂、淡路线香株式会社、香司、大花堂、多宝堂、中川芳薰堂、菊寿堂、树香堂、悠々庵、天昇堂、天香堂、松竹堂、佛宝堂、松庆堂、日本浜屋、弘荣堂、温古堂、御法苑、敷岛线香株式会社、薰佛堂、安正堂、黑田香铺、线香甚目商店、香源、香屋（金泽）、香房。

这些香铺及品牌今天有些已经被大香铺收购或合并，有些也因为经营问题不再直接面对消费者了，其中既有拥有几百年辉煌历史的老香铺，也有充满活力、成立不过几十年的新企业。不论怎样，日本制香企业的事业心都很值得我们学习，这些企业也在西南香局日本寻香之路上，给我们带来了很多的经验与启示，在此一并表示敬意。

谨以此书，表达我们对中日友谊的祝福。